KB050177

2025
전기자동차의 미래

2025 THE FUTURE OF
ELECTRIC VEHICLE

| GEO-LINE과 신재생에너지 |

2025 전기자동차의 미래

초판 1쇄 발행일 2013년 8월 19일
초판 3쇄 발행일 2016년 11월 21일

지은이 조성규
펴낸이 양옥매
디자인 박무선

펴낸곳 도서출판 책과나무
출판등록 제2012-000376
주소 서울특별시 마포구 방울내로 79 이노빌딩 302호
대표전화 02.372.1537 **팩스** 02.372.1538
이메일 booknamu2007@naver.com
홈페이지 www.booknamu.com

ISBN 978-89-98528-56-0 (03550)

「이 도서의 국립중앙도서관 출판시도서목록(CIP)은 서지정보유통지원시스템 홈페이지(http://seoji.nl.go.kr)와 국가자료공동목록시스템(http://www.nl.go.kr/kolisnet)에서 이용하실 수 있습니다. (CIP제어번호 : CIP2013014990)」

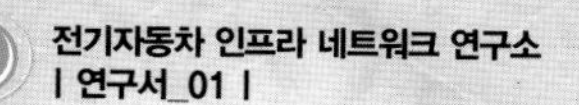

2025
전기자동차의 미래

2025 THE FUTURE OF ELECTRIC VEHICLE

| GEO-LINE과 신재생에너지 |

조성규 지음

| 머리말 |

지난 10년 가까이 전기자동차는 친환경 차세대 교통수단으로 주목받아 왔습니다. 자동차와 환경 모두에 관심이 있었던 저도 마찬가지로 생각했습니다. 그래서 전기자동차를 더 알기 위해 노력했고, 새로운 기술이 많이 소개되었던 2009년 동경모터쇼에 급하게 휴가를 내어 찾아가기도 했습니다. 누구나 전기자동차에 대해 관심을 가지게 되면, 전기자동차 보급에는 차량가격 부담과 충전인프라 구축이라는 꽤 심각한 문제가 걸려있다는 사실을 알 수 있습니다. 쉽게 풀리지 않을 것 같은 이 딜레마의 실타래를 풀기 위해 한동안 골똘히 생각해 보았지만, 저 역시 새로운 해결책을 찾아내지는 못했습니다. 그러던 가운데 점심시간에 사무실 주변을 산책하다가 기존 방식과 다른 새로운 생각이 떠올랐습니다. 전기자동차 충전 문제를 공공건축물을 비롯한 모든 장소에서 아주 간편하게 해결할 수 있는 방법이 머릿속에 떠오른 것입니다.

제가 자동차를 연구한지 21년 만에 얻은 이 아이디어를 지난 3년 동안 숙성시켰습니다. 매우 초보적인 개념에서 시작하여 구체적인 운용까지 많은 영감을 얻을 수 있었습니다. 다양한 책과 인터넷, 언론매체를 통해 새로운 지식과 정보를 지속적으로 공부할 수 있었으며, 제 주변에 계신 분들께서 보여주신 관심어린 조언과 질문을 통해 거듭 보완하고 답을 찾아나갈 수 있었습니다. 그러는 사이에 이 아이디어를 구현해야 한다는 더욱 강한 확신과 사명감을 가지게 되었으며, 결국 전기자동차 인프라 네트워크 연구소를 설립하고 특허를 출원하여 심사와 등록을 기다리고 있습니다.

전기자동차 충전인프라에 대한 아이디어를 연구 발전시키는 과정에서 신재생에너지와 함께 사용하면 아주 효과적이라는 사실을 깨달았습니다. 효과적일 뿐 아니라 전력발전량이 불균일한 신재생에너지를 사용하기 위해 가장 필수적인 에너지저장시설 설치에 대한 문제를 전기자동차를 통해 한 번에 해결할 수 있다는 대안까지 얻을 수 있었습니다. 물론 기존 스마트 그리드와 지향하는 바는 비슷하지만, 그 투자비용과 효과에 있어서는 현격한 차이를 만들어 낼 수 있습니다.

하지만 이 책을 쓰려고 마음을 정하기까지는 적지 않은 고민이 있었습니다. 먼저 아이디어만으로 책을 쓰는 것에 대해서는 회의적이었습니다. 그리고 이미 전기자동차와 신재생에너지에 관한 다양한 책이 출간되었으며, 오히려 책 발간을 준비하려는 저에게 많은 지식과 영감을 주는 훌륭한 책이 많이 존재하기 때문입니다. 이렇게 훌륭한 책이 많은 데에도 불구하고 제가 감히 용기 내어 책을 통해 아이디어를 알리고자 하는 이유는 이렇습니다.

실용적인 엔지니어의 시각으로 자동차와 에너지의 미래에서 전기자동차의 역할에 대해 제안하는 내용을 이 책에 담고자 노력했습니다. 그리고 제가 소개해드리는 아이디어는 기술적인 난이도가 높지 않은 대신 많은 분들과 아이디어를 공유하고 정부의 정책이 되어야 실현될 수 있습니다. 사회적인 공감대가 형성되어 아이디어를 실용화하고 보급하게 되면 우리 사회는 매우 적은 비용으로 지속가능한 발전을 위한 씨앗을 심을 수 있습니다. 그렇습니다. 아이디어를 많은 분들과 공유하고 발전시키기 위해서는 책을 쓰는 것이 가장 좋은 방법이라는 것을 깨달았던 것입니다.

우리는 식사 중에 이웃이 찾아오면 차려진 밥상에 따뜻한 밥과 국을 내어드리고 함께 식사합니다. 이를 두고 밥상에 수저만 얹는다고도 합니다. 만일 전기자동차에 필수적인 충전인프라에서도 이렇게 수저만 얹을 수 있다면, 많은 투자비용과 시간을 절약할 수 있어 좋을 것이라고 생각합니다. 이 책에서는 차려진 밥상이라고 미처 생각하지 못했던 부분을 재조명하고, 수저를 얹는 방법을 제시하고자 합니다.

전기자동차 인프라 네크워크 연구소
연구소장 조성규

| 추천의 글 |

지속가능한 미래를 위한 꿈

충청남도 도지사 안희정

2012년 10월 폴란드 비엘코폴스카에서 개최된 에너지 혁신포럼에 참석한 적이 있습니다. 그 회의는 조지타운대학의 랄프 넌버거 교수 등 많은 세계적 석학과 에너지 전문가들이 모여 지속가능한 발전전략에 대해 논의하는 자리였습니다. 화석연료 시대의 위기를 극복하고 새로운 에너지 시대를 준비하는 것은 국가적으로나 전 세계적으로나 매우 중요한 주제가 되고 있습니다.

돌이켜보면 지난 19세기와 20세기는 서구에서 시작된 산업화와 시장 확대를 통한 성장의 시대였습니다. 산업혁명 이래로 200년 동안 지구의 모든 자원을 캐서 우리의 물질적 부와 탐욕을 위해 사용했습니다. 물론 그것은 정당한 욕망이기도 했고, 부질없는 탐욕이기도 했습니다. 수십 억 년 동안 매장되어 있던 석탄과 석유를 캐서 20세기 마천루의 신화를 만들어 놓았습니다. 영국과 서유럽, 독일, 미국, 일본, 대한민국, 중국, 그리고 아시아와 중부유럽으로 이어지는 산업화와 성장의 릴레이는 바로 이 화석연료 에너지에 기반하고 있다고 해도 과언이 아닙니다.

그러나 우리가 잘 알고 있듯이 이 화석연료 시대의 한계는 분명합니다. 한마디로 지속가능하지 않습니다. 더 큰 문제는 화석연료 사용으로 야기되는 환경변화입니다. 이는 우리의 삶 자체를 위협하고 있습니다. 지구는 이미 온실가스 등으로 인한 기후변화의 몸살을 앓고 있습니다. 우리 충남의 경우에도 가뭄과 태풍, 기습폭우와 폭설 등 재난으로 인해 많은 피해를 입고 있습니다. 또한 우리의 생활을 지배하고 있는 석유화학제품들이 알게 모르게 우리의 건강에 미치는 영향도 간과할 수 없습니다.

이제 세계는 지속가능한 새로운 에너지 시대를 준비하고 있습니다. 이는 기업에게는 새로운 경쟁력 창출이며, 국가에게는 미래 성장동력이 됩니다. 또한 인류 전체와 미래 세대의 안녕을 위해 꼭 필요한 과제이기도 합니다. 이미 EU는 그 선도적인 역할을 해나가고 있습니다. 2020년까지 온실가스 배출과 에너지 소비를 20%씩 줄이고, 신재생에너지원의 발전비중을 20% 늘린다는 20-20-20 전략은 매우 의미 있는 프로젝트라고 생각합니다. 우리나라도 지속가능한 발전을 위해 다양한 노력을 기울여 나가고 있습니다.

충청남도의 주요 에너지 정책도 이러한 추세에 발맞춰가고 있습니다. 지속가능한 경제성장을 위한 도민참여형 지역에너지 구축을 목표로 삼고, 주요 정책 방향으로 더불어 사는 에너지 사회구현, 농어촌 자원의 에너지화, 미래에너지 사업육성을 통한 일자리 창출, 에너지 자립 실현, 지속가능한 에너지 효율체제 구축, 에너지 미래변화 대응 등을 설정하였습니다.

이러한 국내외적 흐름으로 볼 때, 조성규 소장의 전기자동차 연구는 매우 의미 있는 일이라고 생각되어집니다. 책의 내용대로 화석연료를 기반으로 하는 자동차 산업이 전기자동차로 대체될 수 있다면, 이산화탄소 배출 저감과 유류 소비 절감에 획기적인 기여를 하게 될 것입니다. 또한 기존의 화력과 원자력을 대신할 신재생에너지의 취약점에 대한 보완책도 매우 흥미로운 내용이라고 생각합니다.

충청남도 서해안에는 많은 화력발전소가 있습니다. 그곳에서 생산되는 전기는 거대한 송전탑을 거쳐서 수도권으로 전달됩니다. 이러한 현실이 충남의 공기의 질은 물론 아름다운 경관까지 해치고 있다는 사실에 도지사로서 마음 아픕니다. 따라서 지금과 같은 중앙집권적 발전체계에 대한 대안으로서 제안되고 있는 Geo-Line 역시 눈길이 가는 방식이라고 생각합니다. 대형발전소 몇 개에 의존하지 않고 수많은 전기자동차와 신재생에너지 발전소 그리고 각 가정과 기업에 분산된 전력망을 구축할 수 있다면 새로운 에너지 시대의 획기적인 대안이 아닐 수 없을 것입니다.

저는 에너지 분야의 전문가가 아니어서 책의 내용을 완전히 이해하고 읽을 수는 없었지만, 책 속에 담겨진 조성규 소장의 열정과 노력만큼은 확실하게 읽을 수 있었습니다. 이러한 열정과 꿈이 모여 새로운 미래, 새로운 대한민국을 만들어 가리라 믿습니다. 앞으로도 조성규 소장님의 꿈을 응원하겠습니다.

| 추천의 글 |

희망의 21세기를 여는 Geo-Line

제11대 환경부장관 이치범

지금 우리는 두 가지 심각한 상황에 직면하고 있습니다. 온실가스로 데워진 지구의 기상이변으로 대홍수가 유럽을 강타하는 등 자연 재해의 강도와 빈도가 예사롭지 않은 것이 그 하나요, 불량 부품을 사용한 원전의 작동 정지로 올 여름 우리나라에 심각한 전력난이 도래할 것으로 예상되는 것이 다른 하나입니다. 환경적인 비용을 감안한다면 원자력이 결코 경제적인 에너지원이 아니라는 것은 지난 후쿠시마 사태를 비롯하여 여러 차례에 걸쳐 증명되었습니다. 더구나 이번 일을 계기로 전력 수급의 안정성조차 신뢰할 수 없음이 만천하에 드러났습니다.

오랫동안 환경 분야에 몸담고 있었고 환경부라는 정부부처를 이끌면서 이미 예전에 예상했던 일들이 차례차례 벌어지고 있음에 가슴 한편이 답답할 따름입니다. 이 가운데 조성규 소장이 제안한 전기자동차에 대한 새로운 접근 방법은 오랜 가뭄 속에서 기다려온

단비와 같은 느낌입니다. 조 소장은 문명의 이기인 동시에 대기오염의 주범이라 할 수 있는 자동차를 오랫동안 연구하면서 환경의 소중함을 잊지 않았고, 공해문제와 이산화탄소 배출에 대한 해결책을 내놨다는 점에서, 이 책에는 그의 환경문제에 대한 고민과 책임감이 잘 녹아있습니다.

환경부에 재직하던 시절, 예산을 확보하기가 무척 힘들었습니다. 이로 미뤄볼 때, 현실적으로 전기자동차 대중화를 위해 정부가 전기자동차 구입 보조금과 전기자동차 충전인프라 구축비용을 부담한다는 것은 현 정부의 큰 고민거리가 아닐까 싶습니다. 이 책에서 소개된 바와 같이 전기자동차 충방전 인프라 구축에 큰 추가 비용 없이 기존 인프라를 활용하고, 신재생에너지에도 효과를 볼 수 있다면 더할 나위 없이 바람직한 일입니다.

친환경 차량 보급에 그치지 않고 전기자동차와 신재생에너지를 Geo-Line이라는 새로운 개념의 Network에 연결시키는 것은, 원자력발전과 화력발전에 과도하게 의존하고 있는 우리나라의 전력생산 현실을 실질적으로 개선할 수 있는 환경을 제공해 주리라 생각됩니다. 세계적인 추세라고 할 수 있는 탈원전과 발전 부분의 이산화탄소 배출 감소에 큰 기여를 할 것이며, 궁극적으로는 이러한 시스템의 세계 수출을 통해 지구온난화 완화에도 중요한 역할을 해냈으면 하는 것이 저의 바람입니다.

더구나 이 책에서는 현재 특허 출원 중인 구체적인 기술과 계획을 가감 없이 공개하여 정부와 기업의 참여, 특히 시민의 관심과 참여를 강조하고 있습니다. Geo-Line이 담고 있는 친환경적인 아이디어가 사회 각 부문에서 적용되고 개발되어, 보다 희망찬 21세기를 열어나갈 수 있기를 기원합니다.

| 추천의 글 |

'투발루'를 아십니까?

국회의원 이원욱

지구 최초의 환경 난민 국가 '투발루'를 아십니까? 남태평양의 아홉 개의 산호초 섬으로 이루어진 아름다운 나라, 투발루. 세계에서 네 번째로 작은 땅과 적은 인구로 알려진 나라, 투발루. 투발루가 사라지고 있습니다.

왜일까요? 지구온난화가 불러온 환경 재앙입니다. 지구온난화로 덴마크의 영토 그린란드의 빙하가 녹아 내리면서 해수면이 상승해 물속으로 가라앉기 시작한 것입니다.

과학자들은 경고합니다.

"21세기 안에 투발루 전 국토가 물에 잠길 것이다."

상상만으로도 끔찍합니다. 실제 투발루 사람들은 농사를 지을 땅이 물속으로 가라앉아 농사를 지을 수도 없게 되었습니다. 깡통에 흙을 담고 나무에 매달아 농사를 짓고 있다고 합니다. 결국 투발루는 2001년 국토 포기 선언을 하게 되고, 인근의 호주•뉴질랜드 등에 이민을 요청하기에 이릅니다. 그러나 호주와 피지는 투발루의 요청을 들어주지 않았고, 뉴질랜드만이 40세 이하의 직업을 가진 사람에게만 이민을 허락했습니다.

지금 대다수의 투발루 국민들은 더 이상 갈 곳 없는 난민이 되었습니다. 전쟁과 기아로 인한 난민이 아니라 지구촌 환경 변화로 인한 최초의 환경 난민이 된 것입니다.

이것이 단지 투발루만의 이야기일까요? 언젠가는 우리의 이야기가 될 수도 있습니다. 우리의 아이들이 난민이 되어 대한민국 영토를 잃고 갈 곳이 없게 된다면 어떨까요? 지금 우리가 지구와 에너지에 대한 고민을 시작해야 하는 이유입니다.

지난 세기 자동차는 지구의 산업을 발전시키는 일등 공신이었지만 다른 한편으로는 지구온난화의 한 축을 담당하기도 했습니다. 이를 극복하기 위해 선진 국가일수록 무공해 자동차에 대한 연구가 경쟁적으로 이뤄지고 있는 상황입니다.

전기자동차는 1873년 가솔린 자동차보다 먼저 제작되었다고 합니다. 그러나 무거운 배터리와 충전 문제 등으로 상용화되지 못하다가 현재는 고성능 전기자동차가 개발되어 상용화되고 있으며 국내에서도 상용화 직전에 다다르고 있습니다.

산업통상자원부는 차세대 교통수단인 전기자동차의 보급 정책의 일환으로 전기자동차의 효용성과 필요성 인식 재고를 위해 전기자동차 공동 이용 서비스를 개발하여 시범 운영 중입니다. 이는 전기자동차 보급뿐만 아니라 전기자동차 운행의 기반 시설인 충전인프라운행 모델의 시범 서비스이기도 합니다. 그러나 이 시범 서비스는 카쉐어링에 머물고 있어 국민들에게 전기자동차를 보급하기에는 아직 어려움이 많은 것이 사실입니다.

이런 상황에서 조성규 연구소장의 전기자동차와 충전 방법에 대한 색다른 접근 방법은 전기자동차 보급을 앞당기는 방아쇠가 될 것이라 믿습니다. 궁극적으로 차세대 전기자동차의 성공은 배터리 충전의 편의성에 달려 있기 때문입니다. 『2025 전기자동차의 미래, Geo-Line과 신재생에너지』를 통해 향후 전기자동차 산업에 변화의 소용돌이가 몰아쳐 전기자동차 산업이 도약할 수 있길 기대합니다.

2025 전기자동차의 미래 THE FUTURE OF ELECTRIC VEHICLE

| GEO-LINE과 신재생에너지 |

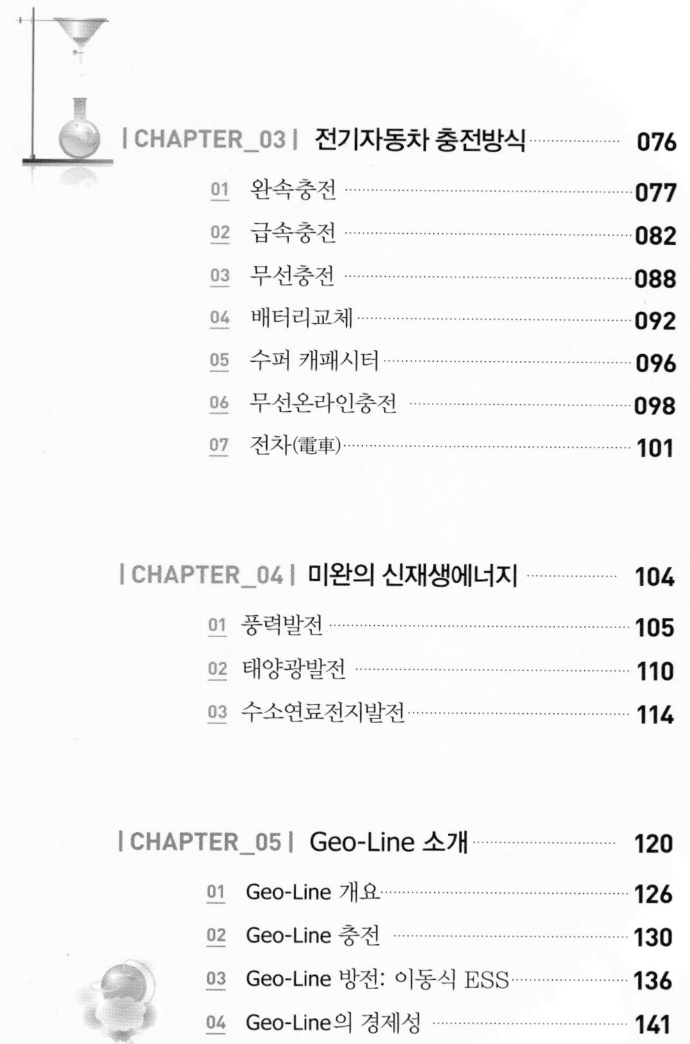

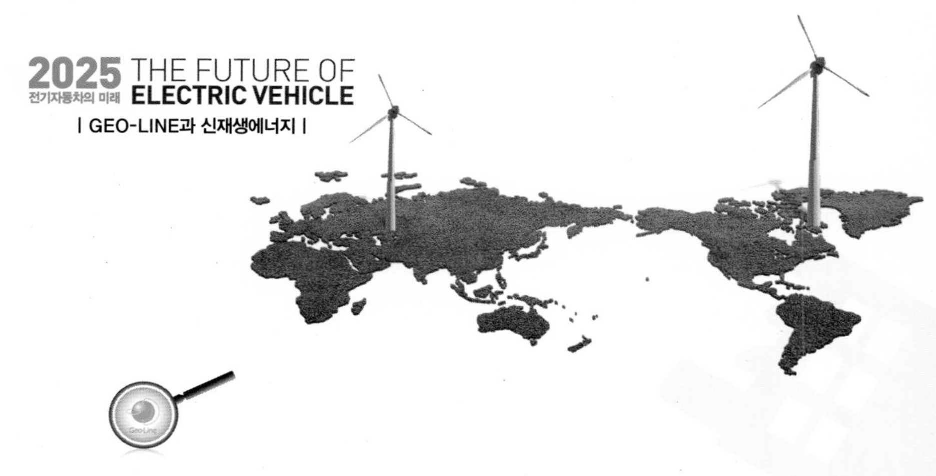
2025 THE FUTURE OF
전기자동차의 미래 ELECTRIC VEHICLE
| GEO-LINE과 신재생에너지 |
Geo-Line

EV
2
25

2025 THE FUTURE OF

CHAPTER _ 01

전기자동차에 주목해야 하는 이유

ELECTRIC VEHICLE

전기자동차가 가진 한계점을 극복하기 위해
새로운 해법을 제시하고자 한다.
우리를 위해 환경을 지켜낼 전기자동차에
다시 한 번 주목해야 하는 이유가 될 수 있도록!

2013년 5월, 우리나라 기상청과 미국 해양대기청(NOAA)에서 각각 발표한 2012년 연평균 이산화탄소 농도가 400ppm을 돌파했다고 보도되었다. 이제 명백하게

'대기 중 이산화탄소 농도는 0.4%'

로 그동안 과학 교과서에서 배워왔던 '대기 중 이산화탄소 농도 0.3%'를 드디어 다시 써야 하는 때가 된 것이다. 일부 공업지대에서 측정한 국지적인 결과가 아닌 자연이 잘 보존된 우리나라 충청남도의 태안반도와 미국 하와이에서 측정했기 때문에 지구 전체적으로

〈그림 1-1〉 캐나다 아사바스카 빙하: 지난 125년 동안 빙하의 절반이 녹아버렸다.

이산화탄소 농도가 정말 심각하게 상승했다는 것을 확인할 수 있다. 역사적으로 400ppm 상태였던 100~200만 년 전처럼 해수면이 10~20m 가량 상승할 가능성이 있다. 단지 얼음이 녹는데 걸리는 시간이 우리를 보호하고 있을 뿐이다.

이미 남북극과 시베리아, 그린란드의 영구동토층이 녹아내리고 지구 곳곳의 빙하가 해를 거듭할수록 고갈되고 있으며 새로운 빙하로 재생되지 않는다. 이렇게 녹아내린 물은 바닷물을 불어나게 해서 해수면이 상승한다. 투발루와 몰디브 같은 저지대 국가에서는 이미 바닷물에 잠기는 땅이 늘어나고 투발루 사람들은 환경난민이 되어 고국을 떠나고 있다. 당장은 아니지만, 전 세계적인 해수면 상승으로 결국 우리나라 국토의 저지대 상당부분이 유실될 우려가 있다. 해안가 원자력 발전소는 물론이고 서울을 비롯한 수도권의 저지대에도 상당한 영향을 미칠 수 있을 것이다. 이렇게 이산화탄소로 빚어진 온난화는 여름철 열대야로 사람들을 지치게 하는 정도가 아니라 삶의 터전마저 잃게 할 수 있다.

이산화탄소 농도가 450ppm으로 상승하면 지구 전체 평균온도가 산업혁명 이전보다 2도 상승한다. 이 2도는 지구생태계의 지속가능한 한계 온도라고 인식되고 있다. 2013년 지금 우리에게는 단지 0.65도의 여분이 남아있을 뿐이다. 지난 수십 년 동안의 이산화탄소의 증가 추세를 고려하면 2025년 즈음에 450ppm에 도달할 가능성이 있다. 그리고 이산화탄소의 총량뿐만 아니라 증가량이 해가 갈수록 급수적으로 확대되고 있다는 점은 미래에 대한 전망을 그리 밝지 않게 한다. 지속가능한 개발(Sustainable development)이라는 측면에서 볼 때 이산화탄소 배출량은 지속가능한 상태를 이미 심각하게 벗어나 있다. 이런 상황을 조금이라도 개선하려면 신재생에너지 사용을 확대하고 전기자동차와 같은 저탄소배출 자동차로 내연기관 차량을 대체해야 한다. 이렇게 하기 위해서는 일부 선진국뿐만 아니라 개발도상국 등에서도 함께 참여할 수 있는 방안이 필요하다. 이산화탄소 재앙은 단지 한 국가의 문제가 아니라 전 지구적 문제이기 때문이다. 이산화탄소 자체는 생물에 미치는 독성을 가지고 있지 않기 때문에 탄산음료나 맥주 등에도 널리 사용되고 있어서 유해독성물질처럼 규제되고 있지 않다. 하지만 이산화탄소는 국

〈그림 1-2〉 메탄의 주된 공급원: 가축용 소
(이산화탄소보다 온실가스 효과가 큰 메탄의 자연소멸기간은 12년으로 비교적 짧다.)

지적인 피해를 직접 발생시키지 않는 대신 대기에 희석되어 전 지구에 피해를 가져오는 소리 없는 암살자와 같다. 또한, 이산화탄소는 매우 안정된 분자이기에 자연에서 분해되어 소멸하기 위해서는 200년이라는 긴 시간이 필요하다. 산업혁명 이후에 발생된 이산화탄소가 아직도 지구 대기에 남아 온실효과를 일으키고 있는 것이다. (이산화탄소보다 온실가스 효과가 큰 메탄의 자연소멸기간은 12년으로 비교적 짧다.) 지구의 어느 누구도 이산화탄소로 야기되는 온실효과의 영향을 피할 수는 없다. 온실효과는 지구를 느리지만 지속적으로 끓어오르게 하고 있다. 다만 그 변화가 급격하지 않기 때문에 잘 느끼지 못하는 것뿐이다.

E.L.E. (Extinction Level Event)는 지구와 소행성 충돌 등 지구 멸망에 이를 수 있는 사건을 말한다. 이렇게 드라마틱한 사건에 의한 지구 멸망을 걱정하기 보다는 이산화탄소 증가에 의해 지구 환경이 변화하고 농경지가 유실되어 발생한 식량난에서 빚어진 전쟁으로 인류가 소멸에 이를 정도로 막대한 피해를 입을 가능성이 크다고 생각한다. 만일 이런 파국에 이르게 되었을 때의 책임은 석탄과 석유 등 화석연료에 지나치게 의존해 지구의 이산화탄소 균형을 무너뜨리고, 이를 잘 못된 것인지 알며 대안이 있음에도 당장 귀찮고 불편하다는 이유로 아무런 시도조차 하지 않았던 우리들에게 있지 않을까 한다. 지금 우리가 시작하지 않으면 지구의 역사는 계속되지 못할 수도 있다. 최근 몇 년간 반복되고 있는 혹한 및 혹서 피해는 앞으로도 지속적으로 극대화될 것이고 폭우 피해도 늘어나며 한편으로는 사막화되는 면적도 늘어난다. 지구 이곳저곳에서 별안간 발생하는 강진도 지구 전체 온도가 급속히 상승한 것이 일정 부분 기여했으리라고 생각한다. 지구 전체 평균온도가 1도 이상 상승한 상황에서 지각에 전달되는 열량은 어떤 방식으로든 분명히 새로운 균형점을 찾아갈 가능성이 크다. 이 과정에서 지진이나 지진해일 등의 피해가 심각하게 발생할 가능성이 있다고 생각한다. 얇은 양철판을 불로 가열하면 휘어지게 마련인 것처럼 지각에도 변형이 발생할 수

〈그림 1–3〉 열대지방에서만 보았던 코코넛나무를 우리나라에서 보게 될지도 모른다.

있다. 지구의 온도가 상승하는 과정에서 지구 전체적으로 불균일한 온도상승이 발생하고 지각의 팽창도 균일할 수 없기 때문이다. 이미 심각한 상황에 이르렀지만, 차가운 이성으로 지금 할 수 있는 일들을 차분히 해나가야 할 책임이 우리에게 있다.

이런 총체적인 지구의 온난화문제를 해결하기 위해 세계 각국이 모여 책임 있게 이산화탄소 배출을 감축하도록 하는 기후변화협약 당사국총회가 있다. 온실가스 감축이라는 단어와 항상 함께하는 교토의정서는 바로 교토에서 열렸던 기후변화협약 당사국총회에서 맺어진 의정서를 뜻한다. 교토의정서에서는 온실 가스 발생을 줄이기 위해 선진국의 이산화탄소 배출을 의무 감축하도록 하고 탄소배출권 거래제도를 도입하여 이산화탄소를 배출할 수 있는 권리를 주식시장처럼 거래할 수 있도록 했다. 탄소배출권 시장이 열려 탄소를 덜 배출하는 기술을 도입한다든지 신재생에너지로 발전하는 경우에는 탄소배출을 감축한 양 만큼 그 권리를 시장에 매각할 수 있

〈그림 1-4〉 2009년 제15차 기후변화협약 당사국총회가 열렸던 덴마크 코펜하겐의 Think City 전기자동차

다. 그리고 어쩔 수 없이 탄소배출을 증가시켜야 하는 주체는 이 권리를 시장에서 사오는 것이다. 그리고 해마다 탄소배출 총량을 점진적으로 축소하기 때문에 탄소배출권 거래시장 안에서 탄소배출 주체와 탄소감축 주체 사이의 열띤 거래가 형성되는 것이다. 탄소배출권 거래제도는 명확한 증빙이 필요하고 절차가 간단하지 않기 때문에 실제 거래는 주로 대기업 사이에 일어난다. 가정이나 차량의 탄소배출에 대해서는 이런 제도를 활용하기 힘들다. 그래서 프랑스에서는 '보너스-말러스'제도를 도입하여 차량의 탄소배출을 줄이려고 한다. 해마다 기준이 되는 이산화탄소 배출량을 탄소배출권 거래제도와 마찬가지로 지속적으로 낮아지도록 설정하고, 신규 차량 구입 시 기준보다 적게 배출하는 차량에 보조금을 지급하거나 기준을 초과하는 차량에는 환경분담금을 추가 징수하는 것이다. 다시 말해 전기자동차나 경차 같은 저탄소배출 차량을 구입하면 훨씬 경제적이고 대형차를 구입하면 많은 환경분담금을 부담하게 하는 제도이다. 그 결과 친환경차량의 판매 비중이 높아지고 대형차 시장은 급격히 쇠퇴하고 있다. 이렇게 친환경적인 효과가 입증되어 우리나라에서도 '보너스-말러스'제도 도입을 준비하고 있다.

전기자동차는 이산화탄소를 전혀 배출하지 않는 친환경 ZEV(Zero Emission Vehicle)이다. 이제 전기자동차를 대중화 할 수 있는 기초적인 기술적, 경제적 요건도 갖춰지고 있다. 따라서 전기자동차는 이산화탄소 배출을 줄일 수 있는 가장 확실한 대안으로 성장했다. 이런 이유로 최근 10 년 동안 전기자동차는 차세대 친환경

자동차로 주목 받았던 것이 사실이며 미국, 프랑스, 일본 등 선진국에서는 전기자동차 보급을 장려하기 위해 보조금 지급 제도를 시행하고 있다. 하지만 아직까지 세계 어느 곳에서도 기존 내연기관 자동차 시장의 일부를 의미 있게 대체하여 대중화에 성공한 사례를 찾아보기는 매우 어렵다. 그 이유는 아직 내연기관 자동차에 비해 높은 가격 부담과 전기자동차를 충전할 수 있는 충전인프라가 부족하기 때문이다. 달리 말해 지금까지의 전기자동차는 친환경자동차이긴 하지만 경제적이지도 않고 사용하기에 불편하다. 그래서인지 그동안 전기자동차에 쏟아진 뜨거운 관심은 잦아들고 다른 친환경자동차 기술이 새롭게 대두되기도 하는 알 수 없는 상황이 되어버렸다. 이 책에서는 전기자동차가 가진 한계점을 극복하기 위해 새로운 해법을 제시하고자 한다. 우리를 위해 환경을 지켜낼 전기자동차에 다시 한 번 주목해야 하는 이유가 될 수 있도록!

이산화탄소 감축은

한 나라에 의해서만 이루어질 수 없고,
지구 전체가 힘을 모아 함께해야 한다.
원래 지구 모습을 되찾기 위해, 끝없이…

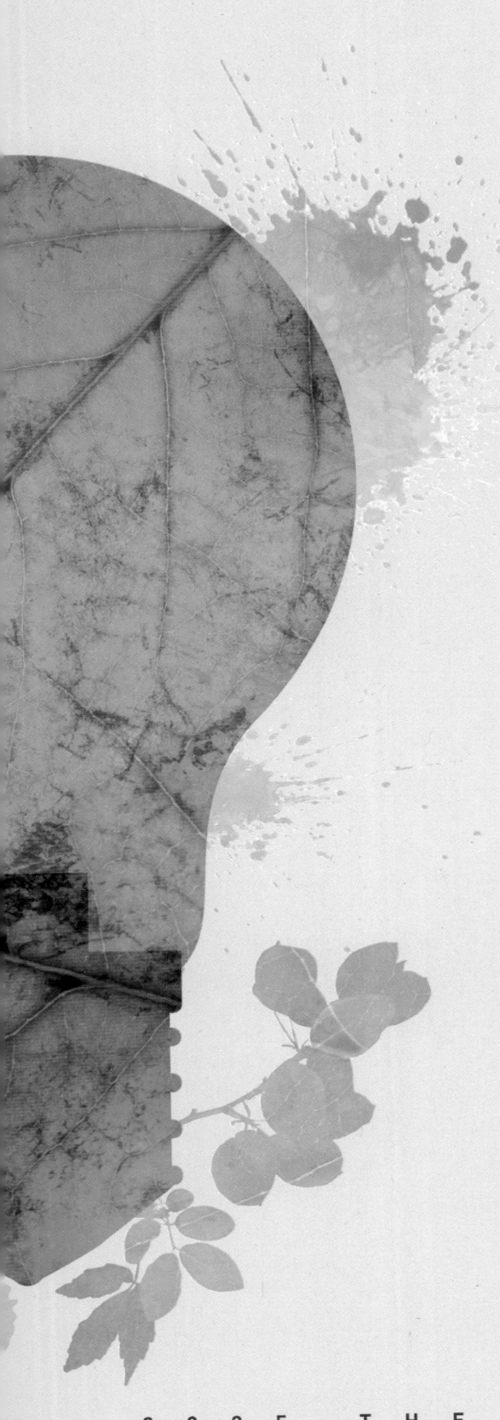

2025 THE FUTURE OF

CHAPTER _ 02

2025년 자동차의 미래

E L E C T R I C V E H I C L E

이 책에서 제시하는 전기자동차에 대한 제안을 이해하려면, 우선 자동차의 미래상에 대해 알아둘 필요가 있다.

2025년의 자동차는 어떤 에너지를 사용하고, 얼마나 안전하고, 얼마나 아름다울지 상상해 볼 수 있지 않을까? 이 책에서 제시하는 전기자동차에 대한 제안을 이해하려면, 우선 자동차의 미래상에 대해 알아둘 필요가 있다. 그리고 자동차시장에서는 결코 "Winner takes it all"이 벌어지지는 않을 것이라는 점을 항상 기억해야 한다. 실제로 자동차시장에서 1위권기업은 GM, VW, 도요타인데 이들 기업의 시장점유율은 각기 불과 10% 정도에 그친다. 애플, 삼성, LG가 장악하고 있는 전자, 통신 분야와는 전혀 다른 모습이다. 이것은 특정회사의 자동차가 인기를 끌거나 새로운 방식의 자동차가 세상에 보급되더라도 기존의 것이 소멸하는 것이 아니라 시장에서 판매비중이 축소되는 형태가 나타나기 때문이다. 이 책에서는 최근

화두가 되고 있는 지능형 무인자율주행 자동차나 보행자 안전이나 적극적인 사고예방책 등에 대한 신기술을 다루고자 하는 것이 아니라, 약 10년 후 자동차에 사용될 에너지형태에 따라 차량을 구분하고 그 가운데에서 어떤 선택이 보다 친환경적인 자동차의 비율을 증대시키고 자동차를 사용하는 시민들에게 더 큰 이익이 될지에 대해 설명하는 것으로 한정한다.

일단, 지금까지 시험제작조차 이뤄지지 않은 새로운 에너지원이 있다면, 그것은 적어도 10년 안에 양산차량으로 만나기는 힘들 것이라고 생각한다. 전기자동차의 역사는 무려 180년이 넘고, 수소연료전지 자동차 또한 20년이 넘는 역사를 가지고도 자동차 시장에 참여하기 위해 도전하는 중이다. 이런 관점에서 볼 때, 지금까지 양산되었거나 금명간 양산이 예정된 에너지원을 사용하는 자동차만이 10년 뒤 시민의 발이 될 수 있을 것이다.

01 가솔린엔진

〈그림 2-1〉 가솔린엔진 © BMW

〈그림 2-2〉
인도 델리의 CNG
오토릭샤

최초의 가솔린엔진 (Gasoline Engine, Spark Ignition Engine)은 1883년 고틀리프 다임러가 개발했다. 그보다 먼저 1867년 니콜라스 오토가 흡입, 압축, 폭발, 배기의 4행정 내연기관을 내놓았지만 석탄가스를 연료로 사용했기 때문에 자동차에 탑재하기에는 적합하지 않았다. 가솔린엔진은 상당히 오랜 역사를 가지고 절대 다수의 차량에서 사용되고 있으며 항상 다른 에너지를 사용하는 자동차와 비교 기준대상이 되고 있다. 오랜 역사만큼이나 관련 기술도 지속적으로 발전하여 충분한 출력을 제공하고 '흡입-압축-폭발-배기'의 과정에서 발생하는 소음과 진동에 대해서도 적절한 기술 대응책이 마련되어 있다. 하지만 휘발유를 연소하는 과정에서 다량의 이산화

〈그림 2-3〉 E85를 사용하는 볼보 C30 FLEXIFUEL © Volvo

탄소를 배출하기 때문에 온실가스 발생의 주범이 되고 있다. 또한, 엔진룸이라는 용어가 나올 정도로 일정한 부피를 차지하는 엔진과 변속기, 엔진냉각장치가 필요하다. 연소기관 가운데 보일러는 열효율이 90% 이상인데 비해 가솔린엔진은 불과 25% 미만에 머물고 있다. 실제로는 운동에너지가 필요하지만, 연소과정에서 절대적인 양이 열에너지가 되어 낭비되기 때문이다.

이 방식의 엔진에 사용되는 다른 연료로는 LPG(액화석유가스)와 CNG(압축천연가스)가 있다. LPG는 우리나라에서 택시를 위주로 사용하고 있으며, CNG는 인도에서 오토릭샤에 즐겨 사용하고 있다.

〈그림 2-4〉 암모니아-가솔린 혼합연소 자동차 © 한국에너지기술연구원

브라질 등에서는 에탄올을 사용하기도 하는데, 식물을 발효시켜 얻은 에탄올을 자동차에 사용하는 것으로, 그 제법이나 성분이 소주의 원료인 주정과 동일하다. 사람은 주정을 물에 희석하여 소주로 마시고, 자동차는 주정을 그대로 사용하는 재미있는 상황이 벌어지고 있다. E85는 에탄올 85%와 휘발유 15%를 희석한 연료로 미국 등에서 판매하고 있다. E85 또는 브라질에서 사용하는 E100 등 에탄올함량이 높은 연료를 사용하는 경우 알코올에 의한 부품 부식 우려가 있어 전용부품이 필요하다.

최근 암모니아-가솔린 혼합연소 자동차를 한국에너지기술연구원에서 세계에서 세 번째로 개발하였다. 암모니아를 70%, 가솔린을 30% 사용하여 이산화탄소 배출량을 절반으로 줄일 수 있다고 한다. 암모니아는 휘발유와 비교하면 발열량이 44.3% 정도이다. 따라서 실제 암모니아-가솔린 혼합연소 발열량 비는 [암모니아:가솔린=31:30]가 되기 때문에 동일한 출력을 기준으로 이산화탄소 감축량은 50%정도라고 할 수 있다. 기존 가솔린차량을 일부 개조하고 암모니아 가스탱크를 싣는 것만으로도 사용이 가능하다는 장점이 있다. 반면에 암모니아는 연소가 잘 되지 않는 특징이 있어 차량배기구를 통해 암모니아가 대기 중으로 방출될 경우 독성기체인 암모니아가 사람을 비롯한 생물에 악영향을 끼칠 우려가 있어 암모니아 산화촉매가 필요하다. 재래식 화장실에서는 낮은 농도의 암모니아 가스와 접촉할 수 있는데, 특유의 냄새가 나거나 눈이 따가운 경우도 있다. 20ppm 미만의 낮은 농도에서 일어나는 증상인데 이보다 높은 농도의 암모니아 가스와 접촉하면 인체에 유해하다. 암모니아 저장탱크의 폭발 위험은 다른 종류의 가스보다 낮은 편이지만, 만일 누출되는 경우에는 다른 연료나 가스와 달리 생화학적인 피해가 발생할 수 있다. 이런 생화학적인 안전 문제에 대한 대비책을 충분히 마련하고 기존 내연기관 자동차나 전기자동차에 비해 부족한 출력을 과급기 장착 등으로 극복한다면 머지않은 미래에 저탄소 친환경차량으로서 성장할 가능성이 있다. 하지만 암모니아를 생산하는 데 매우 큰 에너지를 소비해야 하는 특징을 감안한다면, 암모니아를 연료로 사용하는 것이 친환경적인가에 대한 판단은 유보해야 할 것이다.

현 상황에서 암모니아-가솔린 혼합연소 자동차는 BMW가 의욕적으로 개발하던 수소 직접연소 자동차처럼 극복해야할 사항이 많이 있다.

〈그림 2-5〉 수소 직접연소 엔진

02 디젤엔진

〈그림 2-6〉 디젤엔진

디젤엔진 (Diesel Engine, Compression Ignition Engine)은 루돌프 디젤이 1897년 독일 만社에 재직하면서 개발한 이 엔진은 공기 중에 연료를 무화시킨 혼합기에 전기 스파크로 점화하는 대신 혼합기를 압축시켜 폭발시키는 방법을 사용한다. 가솔린엔진에서도 혼합기가 전기스파크로 인해 점화되기 전에 압축과정에서 점화되는 경우가 있다. 이것을 노킹(Knocking)이라고 하는데, 가솔린엔진에서는 불쾌한 충격이 발생하고 출력에서도 손실이 생기기 때문에 지양해야 하지만 디젤엔진에서는 이 노킹현상을 응용한 것이다. 디젤엔진은 가솔린엔진 대비 낮은 회전수에서 큰 토크출력을 제공한다. 하지만 엔진회전수가 상승하면 가솔린엔진보다 급격하게 토크가 감소해 최대마력은 최대토크만큼 높지않다. 낮은 회전수부터 고른 출력을 내고 대형화에 유리하기에 대형버스나 트럭, 중장비, 선박에도 널리 사용된다. 휘발유에 비해 중질유인 경유나 중유(벙커C유)를 사용하고 가솔린엔진보다 열효율이 높아 연비가 상대적으로 우수하다. 그럼에도 경유가 휘발유보다 상대적으로 많은 이산화탄소를 배출하기 때문에 단위거리당 이산화탄소의 배출량은 가솔린엔진 차량과 거의 동등한 수준이다. 1970년대 이후 승용 디젤차량이 보급되고 배출가스 저감기술이 발달하면서 그 동안 문제가 되어왔던 매연이나 NO_x의 배출량은 혁신적으로 개선되었다. 하지만 가솔린엔진과 마찬가지로 공회전 할 때에는 연소가 상대적으로 불완전해서 실험실에서 측정한 이론값보다 많은 공해물질이 발생할 수 있다. 또한, 언덕길과 같이 고부하 저회전수 운전구간에서는 평상시 보다 많은 공해물질이 발생한다. 이런 이유로 정체가 빈번한 대도시나 언덕길이 많은 곳에서의 운행은 지역주민 건강에 좋지 않다. 최근 디젤차량에 보편적으로 많이 사용되고 있는 DPF(Diesel Particle Filter)는 디젤 매연입자를 포집하여 저장하는데, 정기적으로 그것을 태워 없애야 한다. 방법은 엔진의 '흡입-압축-폭발-배기'의 4단계 중에서 배

〈그림 2-7〉 디젤엔진의 초고압 연료계통

기과정에서 일부러 연료를 분사하여 미연소 연료가 배기관을 따라 달아오른 DPF에 도달하여 검댕 입자들과 같이 타버리는 것이다. 이 태우는 과정을 DPF재생이라고 하며 고속주행 중 엔진회전수가 높고 안정적인 정속주행 상태에서 주로 수행하도록 설계되어 있다. 실제 디젤차량 운행 중에 시내주행만 하는 경우에는 자동적으로 이 DPF재생과정을 수행할 수 없는 경우가 있을 수 있다. 이럴 때에는 강제 DPF재생과정을 거쳐야 하는데, 차량정비소에서 많은 오염물질이 배출하게 되고 엔진오일에 경유가 섞이게 되어 엔진오일을 교환하게 만드는 등 좋지 않은 결과를 낳을 수 있다.

그리고 디젤엔진은 가솔린엔진보다 압축비와 내부압력이 상대적으로 높은 만큼 구조적인 강도 또한 높아야 하기에 부피가 더 크고 중량도 더 무겁다. 연료계통이나 배기계통 부품의 구조가 복잡하고 일부 글로벌 부품업체가 기술적으로 독과점하고 있어 가격이 무척 비싸다. 엔진의 1회전당 출력, 즉 토크가 높아 이를 견뎌낼 수 있는 대용량 변속기를 사용해야 한다.

서울시 버스처럼 CNG를 연료로 사용하는 디젤엔진 기술도 상용화 되어있다. CNG는 가솔린엔진(불꽃착화엔진)과 디젤엔진(압축착화엔진) 모두에 사용이 가능한 매우 특별한 연료라고 할 수 있다. 대기오염 규제가 거의 없는 초대형 선박에서는 초대형 디젤엔진에 벙커C유와 같은 끈적끈적한 중질유를 연료로 사용한다. 바이오디젤이라고 하는 식물성기름으로 만든 연료도 있으며 국내에는 이 바이오디젤을 5% 이하로 함유한 BD5가 시판되어 있다.

〈그림 2-8〉 CNG 버스 © 현대자동차

과급기 엔진

〈그림 2-9〉 과급기: 터보차저

과급기(터보차저, 수퍼차저)엔진: 엔진에 흡입하는 공기를 강제로 불어 넣는 방식으로 배기가스가 배출되는 힘으로 터빈을 돌리는 방식의 터보차저와 엔진의 동력이나 모터를 직접 사용하여 터빈을 돌리는 방식의 수퍼차저가 있다. 이런 터보차저나 수퍼차저를 통해 더욱 많은 양의 공기를 연소실에 공급할 수 있기 때문에 같은 배기량의 일반 자연흡기 엔진보다 상당히 높은 출력을 제공할 수 있다.

〈그림 2-10〉 가솔린엔진에 가변 지오미트리 터보차저를 적용한 포르쉐 911 터보 © Porsche

다만 터보차저의 경우, 적정 과급압을 얻기 위해서는 적정 배기압이 필요하고 결국 일정 수준이상의 엔진회전수가 필수적이다. 적정 엔진회전수에 이르기 전에 터보엔진이 제대로 힘을 내지 못하는 순간을 '터보 랙(터보 지연)'이라고 부른다. '터보 랙'현상을 개선하면서 엔진회전수에 따라 효율적으로 과급하기 위해 가변 지오미트리 터보차저가 개발되었다. 엔진회전수에 따라 베인의 각도를 조절해서 낮은 회전수에서도 과급 효과를 얻을 수 있도록 하는 장치이다. 배기가스 온도가 가솔린엔진에 비해 낮은 디젤엔진에는 별 어려움 없이 2013년 현재 국내외차량 대부분이 가변 지오미트리 터보차저를 사용하고 있지만, 가솔린엔진에서는 높은 배기가스 온도를 견디는 고급소재를 사용해야 하기 때문에 극히 일부 차량에서만 가변 지오미트리 터보차저를 사용하고 있다.

〈그림 2-11〉 1600cc급 엔진으로 다운사이징한 SM5 TCE © 르노삼성자동차

엔진 다운사이징은 배기량과 기통수를 줄이는 대신 터보차저를 사용하여 출력을 보강하고 연비를 개선하는 방식이다. 엔진 다운사이징은 국내에서는 르노삼성 SM5와 쉐보레 트랙스에만 적용될 정도로 아직 확산되지는 않았지만, 이미 세계적인 기술 추세라고 할 수 있다. SM5 TCE는 엔진 다운사이징을 통해 1600cc급 엔진으로 2500cc급의 출력과 2000cc급 이상의 연비를 실현했다.

〈그림 2-12〉 HCCI (Homogeneous Charge Compression Ignition) 엔진
© Mercedes-Benz

이 밖에도 가솔린엔진과 디젤엔진을 합성했다고 할 수 있는 HCCI엔진이 존재한다. 메르세데스 벤츠가 선두로 개발하여 GM, 폭스바겐, 푸조 등에서도 시험 개발을 완료한 엔진이다. 그 중에서도 메르세데스 벤츠의 엔진은 스스로 Diesotto라고 하는데, Diesel과 Otto(오토사이클엔진=가솔린엔진을 상징)의 합성어이다. 엔진의 압축비를 조절하여 엔진회전수와 부하에 따라 불꽃점화와 압축착화를 오가며 사용한다. HCCI 엔진은 기존 엔진에 비해 구조가 복잡하고 아주 정밀한 전자제어가 필요하여 개발기간이 길고 많은 투자비가 필요하다. 반면 가장 최적의 연소를 할 수 있기 때문에 연비 개선 효과가 뛰어나다. 머지않은 미래에 상용화 될 것으로 기대한다.

이상에서 에너지원을 직접 연소시켜 사용하는 자동차용 내연기관에 대해서는 대부분 살펴보았다. 기타 여기에서 다루지 않은 방식의 엔진은 가스터빈엔진과 공압식엔진 등 자동차에 적용되는 비중이 매우 낮은 방식이며, 이런 엔진에 대해 다루기보다는 하이브리드 자동차와 배터리 전기차, 수소연료전지 자동차에 대해 살펴보기로 하자.

03 하이브리드

〈그림 2-13〉 도요타 프리우스의 하이브리드 파워트레인 © Toyota

하이브리드 자동차는 내연기관 자동차가 가지고 있는 단점을 극복하고자 개발되었다. 내연기관은 전기모터처럼 꺼진 상태에서 갑자기 동작 상태로 전환되지 않는다. 이런 문제가 있기 때문에 내연기관은 공회전을 하게 되는데, 내연기관이 안정적으로 회전해서 기관을 정지시키지 않고 동력이 필요한 순간에 즉시 일을 할 수 있도록 해준다. 하지만 이 문제를 해결하여 내연기관을 동력원으로 사용할 수는 있게 되었지만, 또 다른 문제를 야기하는데 이것은 공회전에 의한 문제이다. 우리말로 풀어보자면 '헛돎' 정도가 알맞은 공회전을 하기 때문에 연료가 낭비되고 오염물질을 많이 배출하게 된다. 공회전을 했을 때 오염물질이 많이 배출되는 이유는 내연기관이 실제로 역할을 수행하는 중고속 회전수에 알맞게 설계되어 있기 때문이다. 중고속 회전수에서 출력을 효과적으로 만들고 공해물질을 덜 배출하도록 최적화 설계가 되어있는데, 공회전 회전수에서 이런 최적화를 하게 되면 오히려 중고속영역에서 문제가 발생하기 때문이다. 그리고 가다서다를 반복하는 도심의 저속구간에서 내연기관을 사용하면 낭비되는 연료도 많고 오염물질도 많이 나오게 된다. 그래서 저속구간이나 차량 출발·정지 시에는 내연기관을 정지시키고 전기모터를 사용하는 것이 좋은 대안이 될 수 있다. 이런 이

〈그림 2-14〉 렉서스 RX450h용 전동식 에어컨 컴프레서

유로 전기모터를 함께 사용한 결과 일반 내연기관차량대비 상당한 고연비를 실현할 수 있게 되었다. 하지만 해결하기 힘든 문제가 있는데 전기모터로 출발한 다음 엔진으로 동력을 전환하거나 전기모터와 엔진을 함께 사용하기 위해 특별한 변속기가 필요하다는 것이다. 운전자가 운전 중에 이질감을 느끼지 않도록 절묘하게 미세조정하는 연구도 필요하다.

그 밖에도 엔진 정지 시에도 에어컨을 켤 수

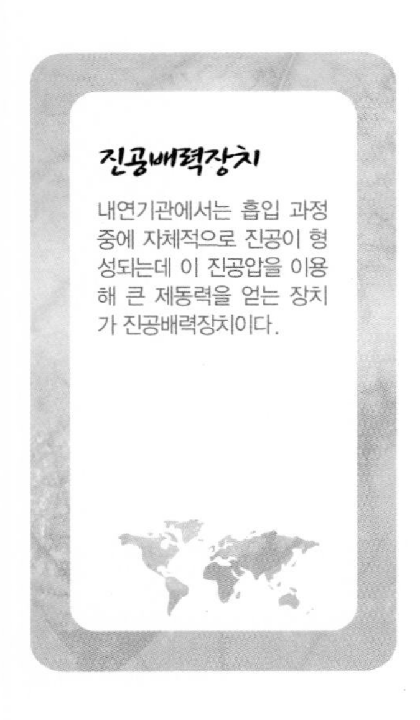

진공배력장치

내연기관에서는 흡입 과정 중에 자체적으로 진공이 형성되는데 이 진공압을 이용해 큰 제동력을 얻는 장치가 진공배력장치이다.

〈그림 2-15〉 캐나다 밴쿠버의 하이브리드 택시: 도요타 프리우스

있도록 하는 전동식 에어컨 컴프레서와 자동차의 충분한 제동력을 얻도록 도와주는 진공배력장치에 공급할 진공을 생성하는 전동식 진공펌프 등 기존 엔진과는 다른 부품이 많이 사용되기도 한다. 하이브리드 자동차는 이런 장치와 함께 전기모터, 변속기, 배터리 등이 기존 내연기관 자동차에 추가되기 때문에 차량 가격이 상승할 수밖에 없다. 대신, 차량가격 상승을 좋은 연비로 만회할 수 있다. 그래서 택시와 같이 주행거리가 긴 차량에 적용하면 가장 효과적인데, 캐나다 밴쿠버에는 이 점을 십분 활용한 하이브리드 택시가 많이 있다.

〈표 2-1〉 하이브리드 자동차의 분류

순	방식	별칭	특징
1	Micro Hybrid	Stop & Start Idle Stop & Go	배터리와 전기모터 없음
2	Mild Hybrid		모터 or 엔진
3	Strong Hybrid		모터 + 엔진
4	Plug-in Hybrid	Extended Range EV	충전가능 엔진 구동형 or 엔진 발전형

하이브리드 자동차는 내연기관에 따라 크게 가솔린 하이브리드와 디젤 하이브리드로 나눌 수도 있으나 위의 표와 같이 분류하는 것에서 동력원 차이만 있을 뿐이다. 마이크로 하이브리드는 Stop & Start나 ISG로 더 많이 알려져 있는데 공회전을 최소화한 차량이다. 일정 시간 이상 공회전을 하면 엔진을 정지시킨 다음 차량을 출

〈그림 2–16〉 Micro Hybrid 방식의 차량 해설: 0.35초 만에 재시동 가능!

발하기 위해 페달을 밟으면 짧은 시간 안에 엔진을 재시동하여 자동차를 주행할 수 있도록 한 방식이다. 마일드 하이브리드는 전기모터로 출발하고 가속하여 일정 속도에 도달한 다음 전기모터에서 엔진으로 동력원을 전환하여 달리는 방식이다. 스트롱 하이브리드는 전기모터만으로 주행할 수도 있고 고속이나 급가속 시에는 전기모터와 엔진을 동시에 사용하여 힘을 증대시키는 방식이다. 전기모터와 엔진의 합산 출력을 표기하는 하이브리드 차량은 스트롱 하이브리드 차량이라고 보면 된다.

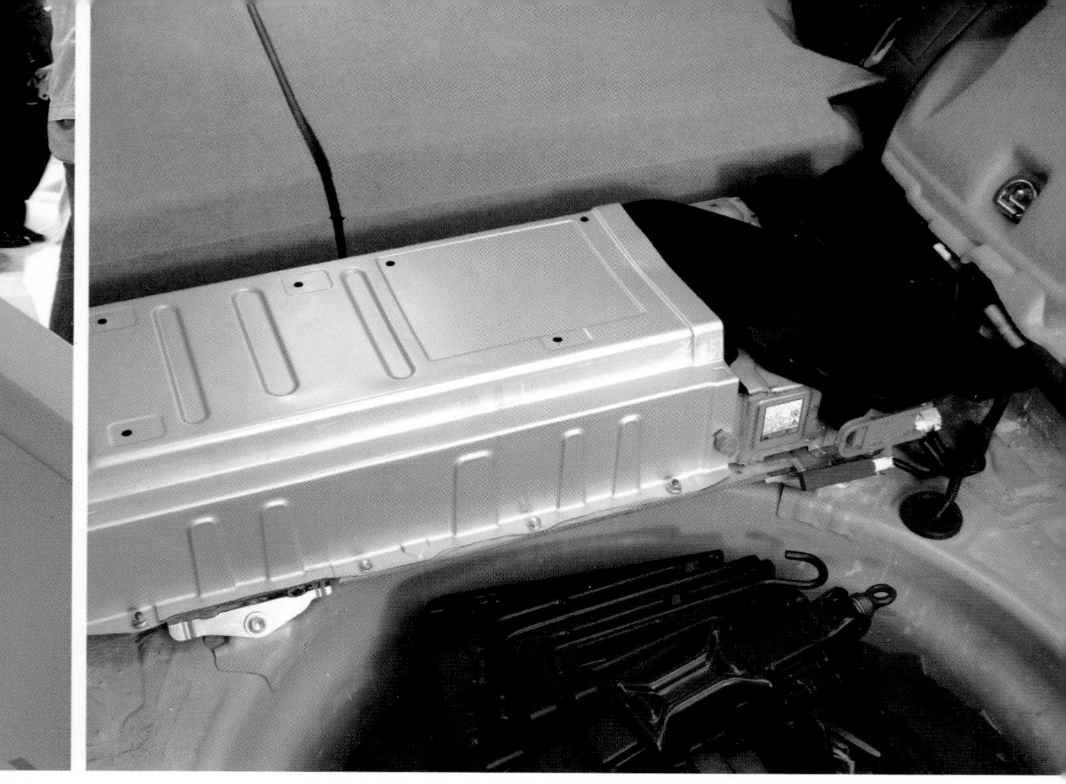

〈그림 2-17〉 플러그인 하이브리드 차량의 대형화된 배터리

그리고 기존 하이브리드 방식보다 더 큰 배터리를 채용하고 그 배터리를 충전해서 쓸 수 있도록 만든 것이 플러그인 하이브리드이다. 플러그인 하이브리드를 주행거리 연장형 전기자동차라고 부르기도 한다. 이 플러그인 하이브리드의 경우에도 고속구간에 엔진에서 직접 구동력을 얻는 방식과 엔진과 발전기를 연결시켜 단순히 발전용 엔진으로 사용하는 방식으로 다시 나누어진다. 전자는 도요타 프리우스의 플러그인 하이브리드 버전 차량이고 후자가 쉐보레의 볼트 차량이다.

〈그림 2-18〉 플러그인 하이브리드를 표방하는 도요타 프리우스

쉐보레 볼트와 도요타 프리우스 플러그인 하이브리드 버전 모두 배터리에 충전된 전력이 남아있을 때에는 배터리만으로 주행할 수 있다. 배터리만 사용해 주행할 수 있는 거리는 쉐보레 볼트가 더 길다. 플러그인 하이브리드는 전기자동차로 가기 위한 마지막 단계라고 볼 수 있는데, 전기자동차가 가지는 짧은 주행거리와 충전인프라 부족 문제를 내연기관을 장착하여 보완한 방식이다.

초소형 디젤엔진에 플러그인 하이브리드 시스템을 적용한 폭스바겐 XL1은 조만간 시판예정이다. 카본파이버 소재를 적극 사용하여 경량화에 성공했으며, 경이적인 공기저항계수 0.189를 기록했다.

〈그림 2-19〉 Extended Range EV를 표방하는 쉐보레 볼트 © Chevrolet, GM

〈그림 2-20〉 폭스바겐 XL1: 초고효율 플러그인 하이브리드 자동차 © Volkswagen

경유 1리터로 111㎞를 달릴 수 있는 놀라운 연비를 자랑하지만, 도요타 프리우스보다 차량 가격이 2배 이상 비쌀 것으로 예상된다. 전례가 없는 연비를 기록하기 위해 거의 모든 것을 포기했다고 해도 과언이 아니다. 카본파이버 소재 부품은 제조공정이 까다롭고 제조시간이 매우 길다. 이런 이유로 폭스바겐에서 연간 1,000대 한정 판매를 계획하고 있다. 트렁크 공간도 거의 없는 2인승 경차

〈그림 2-21〉 KERS가 장착된 레드불-르노 레이싱팀의 F1머신, 서울 명동, 2012.10

수준의 차량을 매우 비싼 초고연비 친환경 차량이라는 자부심과 맞바꿔야 하는 점이 XL1의 딜레마이다. 따라서 XL1은 폭스바겐의 기술적 상징물에 지나지 않으며, 대중 판매를 위한 차량이라고 보기는 어렵다.

모터스포츠의 정점이며 월드컵, 올림픽과 함께 세계 3대 스포츠 축제인 F1에서도 하이브리드 시스템이 도입되었다. F1에서는 하이브리드 장치의 이름을 KERS(Kinetic Energy Recovery System)라고 하는데 승용차용 하이브리드 시스템이 연료 절약을 주목적으로 한다면, KERS는 제동 시에 손실되는 운동에너지를 배터리에 저장하였다가 급가속이 필요한 순간에 선수가 버튼을 눌러 전기모터를 추가로 작동시키는 시스템이다. 엔진과 모터를 동시에 구동해 폭발적인 가속력을 얻는 것은 승용차용 하이브리드 시스템과 동일하다. 다만 승용차용 하이브리드 시스템과 다른 점은 전기 모터만으로 출발하지는 않는다는 것이다. 모터만 작동하는 구간이 없기 때문에 연료절약 효과가 크지 않은 대신, F1머신의 가속력을 끌어올리고 선수의 전략적인 KERS 운용이 가능해지기 때문에 F1 경기의 재미를 더하는 방향으로 사용되고 있다.

04 전기배터리

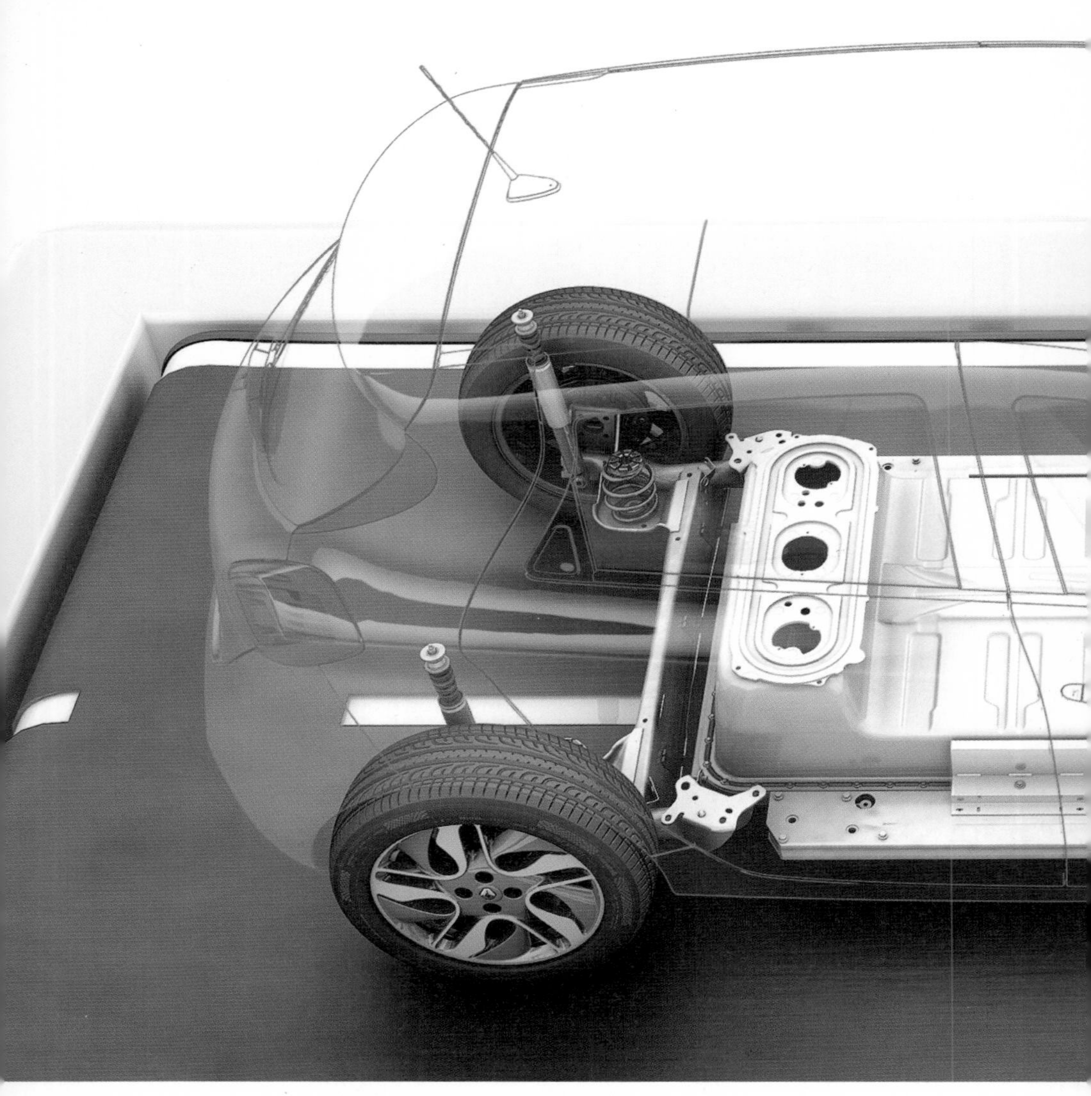

〈그림 2-22〉 리튬-이온 배터리를 탑재한 전기자동차: 르노 ZOE © Renault

일반적으로 전기자동차라고 불리는 충전된 배터리만을 에너지원으로 사용하는 자동차는 다른 방식으로 전기모터를 사용하는 자동차와 구분하기 위해 배터리전기차라고 부르기도 한다.

배터리전기차는 일찍이 발명왕 토마스 에디슨의 회사에서 제작 보급했을 정도로 그 역사가 내연기관 차량에 비해 짧지는 않다. 하지만 20세기 초에는 내연기관이 상대적으로 저렴한 유가와 긴 충전 시간 없이 장거리 주행이 가능했기 때문에 홀로 시장에서 살아남았다. 이 경쟁에서 내연기관은 20세기이후 100년 동안 앞서 있었다. 그러나 1950년 이후 내연기관에서 나오는 배기가스의 유해성이 밝혀져 내연기관을 대체하고자 하는 움직임이 일어나기 시작했다. 그리고 거의 70년 동안이나 기존 납축전지에서 별다른 발전을 하지 못하다가 리튬이온 방식의 고성능 배터리가 등장해 꾸준히 가격이 하락하고 에너지 밀도가 높아지는 상황이 벌어진다. 이제 내연기관

〈그림 2-23〉 토마스 에디슨이 제작한 전기차에 장착된 것과 같은 방식의 납축전지

〈그림 2-24〉 닛산 리프: 세계 최초로 본격 양산된 전기자동차

차량과 다시 한 번 겨뤄볼 만한 여건이 마련된 것이다. 그렇게 해서 만들어진 일반도로용 배터리 전기차가 국내외에서 보급되기 시작하였다. (굳이 일반도로용 배터리 전기차로 한정하는 이유는 골프 카트나 실내용 트롤리 등과 같이 특수 용도의 전기차량은 예전부터 많이 사용되었기 때문이다.) 하지만 배터리 전기차는 여전히 동급의 내연기관 자동차에 비해 높은 가격과 충전인프라 등이 문제가 되고 있다. 하지만 연료비용 측면에서 볼 때 배터리 전기차는 궁극적으로 휘발유 대비 1/10 정도면 운행이 가능할 정도로 초기구입비용과는 상반된 경제성을

〈그림 2-25〉 르노社의 다양한 전기자동차 © Renault

ZOE

가지고 있다.

배터리전기차는 배기가스를 직접 배출하지는 않지만, 전력을 발전하는 과정에서 이산화탄소를 배출하기 때문에 사실 진정한 의미의 무공해 자동차라고는 할 수 없다. 우리나라에서는 배터리 전기차에 사용하기 위해 전력의 발전단계에서 유발되는 이산화탄소 배출량은 순수 내연기관 차량의 절반 이하이므로 배터리 전기차는 저공해 자동차라고 부를 수 있다. 이산화탄소 배출량은 해당 국가의 에너지 믹스에 따라 유동적이긴 하지만 화력발전을 통해 얻어진 전력을 배터리 전기차가 사용하더라도 이산화탄소 배출량이 내연기관 자동차의 그것을 초과하지는 않는다. 그 이유는 자동차에 사용되는 내연기관은 화력발전에 사용되는 증기터빈이나 가스터빈의 열효율(약 40%)에 비해 매우 낮은 열효율(가솔린: 약 20% 디젤: 약 30%)을 가지고 있기 때문이다. 따라서 같은 연료를 사용하는 동일 조건으로 비교했을 때, 화력발전+배터리전기차의 조합은 송배전손실을 감안할 지라도 내연기관 자동차의 이산화탄소 배출량을 초과하지 않는다. 그리고 풍력, 태양광 등 이산화탄소를 배출하지 않는 에너지원으로 전력을 생산하면 전기자동차는 이산화탄소를 증가시키지 않는다. 우리의 긍정적인 미래에는 배터리전기차가 초저공해 또는 완전 무공해 자동차로 변모할 수 있는 준비가 되어있다.

05 수소연료전지

〈그림 2-26〉 차량용 수소연료전지

수소연료전지 자동차는 현대자동차에서 해외시장에 시판 예정이라는 최근 뉴스를 통해 많이 알려졌다. 수소연료전지는 연료전지라고 짧게 부르기도 하지만 둘 사이에는 차이가 존재한다. 연료전지는 연료를 연소시키는 것이 아니라 연료를 화학적으로 반응시켜 전기를 얻는 시스템이다. 연료를 소비하지만 열이나 운동에너지를 얻는 것이 아닌 전기에너지를 얻는 것이다 (다만 반응과정의 부산물로 폐열이 발생한다). 연료전지는 내연기관에 비해 매우 높은 효율로 전기에너지로 변환할 수 있다. 연료전지가 배터리의 역할을 대신하는 것을 제외하면 나머지 부분은 배터리전기자동차와 같다고 할 수 있

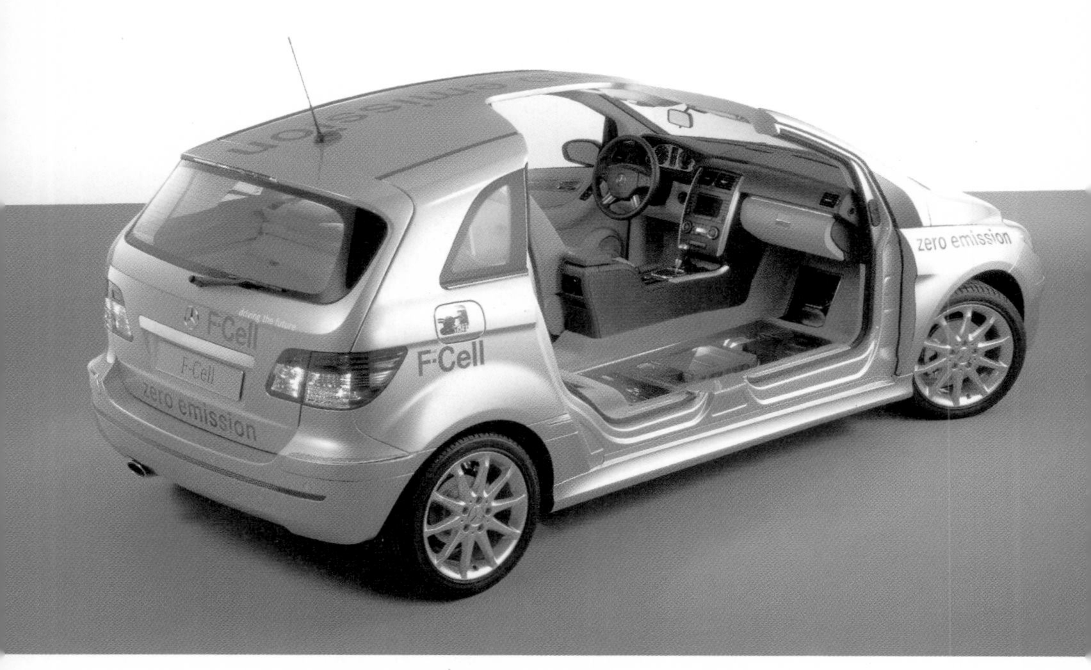

〈그림 2-27〉 수소연료전지 자동차: F-Cell © Mercedes-Benz

다. 하지만 연료전지의 반응조건에 따라 전력생산의 불안정성이 문제가 되어 연료전지 자동차에도 배터리 전기자동차와 비슷한 크기의 전기배터리가 필요하기 때문에 배터리전기차에 단지 연료전지시스템만 추가된 것으로 볼 수 있다. 전기배터리 부분에 대해서는 기술의 발달에 따라 소형화가 예상된다.

연료전지는 연료 가운데 수소와 공기 가운데 산소를 결합하는 과정에서 발생하는 전기를 사용한다. 그래서 일반적인 연료를 사용하는 것보다 수소를 사용하는 편이 효율성 측면이나 NO_X나 이산화탄소 같은 불필요한 공해물질을 발생하지 않기 때문에 바람직하다. 순수한 수소와 산소의 결합으로는 오로지 물만 만들어지기 때문이다.

〈그림 2-28〉 수소충전소 © Toyota, Shell

〈그림 2-29〉 HES: 혼다의 특별한 가정용 수소 충전 시스템 © Honda

수소연료전지자동차는 수소를 차량에 실어야 하기 때문에 매우 두꺼운 구조의 커다란 초고압 수소 봄베를 차량에 탑재해야 하며, 수소를 충분히 공급하기 위한 충전소의 설치와 공급과 유통 등의 문제도 해결해야만 한다. 그리고 배터리 전기차에 비해서도 비현실적으로 높은 가격은 보급에 가장 큰 걸림돌이다. 연료비 측면에서는 100㎞를 주행하기 위해 소모되는 수소 1㎏의 가격이 2025년경에는 2,000원 정도로 예상되어 충분한 경제적 채산성을 가진다.

혼다에서 개발한 HES(Home Energy Station)는 가정에 공급되는 도시가스로부터 수소를 추출하고 압축하여 수소연료전지 자동차에 충전할 수 있도록 하는 시스템이다. 이름에서 알 수 있듯이 별도의 수소 충전 시설이 아닌 차량 소유자의 가정에서 충전할 수 있다는 것이 장점이다. 동사에서 제작한 세계 최초의 양산 수소연료전지 자동차인 FCX Clarity를 위해 개발되었다. 도시가스를 사용하는 연료전지를 가지고 있어 상시 발전이나 정전시 긴급 발전도 가능하며 연료전지 발전과정에서의 부산물인 열을 난방과 온수에 사용할 수 있어 에너지 낭비를 최소화할 수 있다. 10여 년 전부터 수소 공급체계가 부족한 상황을 고려하여 개발된 HES는 기존 인프라를 활용하여 수소 생태계를 구축한 혁신적인 방법이다. 수소연료전지 자동차 FCX Clarity와 함께 매우 제한적인 지역에 적은 수량이 보급되었지만 그 도전 정신과 기술 구현에 대해서는 칭찬할 만하다.

〈그림 2-30〉 수소충전 중인 혼다 FCX Clarity © Bexi81

지금까지 가솔린엔진, 디젤엔진, 하이브리드(플러그인 하이브리드 포함), 전기배터리, 수소연료전지 등 크게 5가지 자동차의 동력원에 대해 살펴보았다. 2025년의 자동차시장은 이 5가지 동력원의 자동차가 서로 영역을 유지하면서 소비자의 선택을 기다리는 경쟁을 하게 될 것이다. 하지만 각각의 종류별 자동차가 어떤 비율로 시장을 형성하고 운송부분 온실가스 배출량을 결정하게 될 지는 지금 우리의 선택에 달려있다. 어떤 선택을 하더라도 자동차가 가지는 고유한 가치인 이동성과 상품으로서 가지는 매력을 유지한 채 환경에 미치는 영향을 최소화할 수 있는 방향으로 나아가야 한다는 데에는 이견이 없을 것이다. 다음 장에서는 이 가운데 2025년을 기준으로 온실가스 저감에서 가장 큰 역할을 할 것으로 예상되는 전기자동차의 충전방식에 대해 살펴보도록 하겠다.

수소연료전지 기차

무궁화호, 새마을호, 화물열차 등 현재 대형 디젤 엔진을 사용하는 기차를 수소연료전지 기차로 전환하면 기존 열차선로를 그대로 사용할 수 있어 별도의 인프라 투자 없이 가장 경제적으로 친환경 기차로 전환할 수 있다. 수소공급은 전국에 몇 개 되지 않는 정비창을 통해 수소충전을 하는 방법[1]을 생각해 볼 수 있다. 열차승객실 아래에 충분한 양의 수소탱크를 설치하면 수천 ㎞를 재충전 없이 운행[2]이 가능할 것이다. 다만 수소연료전지의 가격이 문제가 될 수 있는데 차량용 수소연료전지의 등장으로 10년 이내에 상당히 가격이 내려갈 것으로 예상되며 기존 열차에 비해 가격이 상승하는 비율은 그리 높지 않을 것으로 예상한다 (10량 기준 디젤열차의 가격은 80억 원을 넘고 전동열차의 가격은 140억 원 가량이나 된다). 전체 열차 가운데 1-2칸은 차지하는 기관차가 필요 없어 보다 효율적으로 승객과 화물을 수송할 수 있다. 성능 측면에서 보면 기존 디젤기차보다 월등한 가속력을 제공하기 때문에 완행열차의 운행시간을 단축하는 효과도 있다.

1_ 수소연료전지 기차에 수소를 공급하는 체계는 수소 제조 공장과 철도 차량 정비창의 수소 저장 탱크를 관으로 연결하는 방법으로 정비창의 수소 저장 탱크의 크기를 최소화 하는 것이 바람직하다. 수소는 폭발 위험성이 높아서 가능한 한 적은 양을 저장하는 방법으로 만약의 문제에도 대비해야 한다.

2_ 수소연료전지 방식에서 주행가능거리를 연장하려면 수소 저장탱크의 용량을 늘리면 된다. 가격이 비싼 수소연료전지가 아닌 수소 저장탱크의 수를 늘리더라도 상대적으로 가격부담이 그리 커지지는 않는다. 단, 수소 저장탱크를 설치할 여유공간의 크기가 중요하다. 수소연료전지 자동차의 주행가능거리도 1,000km 이상으로 연장할 수 있지만, 차량 실내공간을 침범하는 문제와 과도하게 긴 주행가능거리는 실제 차량운행에서 큰 의미가 없기 때문에 제작할 필요가 없다.

2025 THE FUTURE OF

CHAPTER _ 03

전기자동차 충전방식

E L E C T R I C V E H I C L E

급속충전은 너무 적으면 불편하고,
너무 많으면 전력수급에 적신호가 켜진다.
완속충전이나 급속충전이나 그 가치 판단을 내리기
심히 어려운 부분이 많이 있다.

전기자동차 충전방식은 속도에 따라 완속, 급속으로 구분되고 유무선방식과 충전기가 차량에 장착되어있는지 여부에 따라 나뉠 수 있다. 서로 다른 3가지 구분기준을 통해 최대 8가지로 조합이 가능하지만 여러 제약조건 때문에 실제로는 4가지 방식이 존재한다. 이 밖의 개념에 대해서도 두루 다뤄보도록 하겠다. 그리고 이 장에서 전기자동차는 전력접속형 자동차를 말하는 것으로 플러그인 하이브리드 자동차, 배터리 전기차와 수소연료전지 자동차 일부를 포함한다. 수소연료전지 자동차 중에서는 수소연료전지를 통해 발전한 전력을 방전하거나 전력을 사용하여 물에서 수소를 얻을 수 있는 일부 차량에 한정된다.

〈표 3-1〉 전기자동차 충전방식

	충전기 위치	완속	급속
유선	내장	가장 기본적인 AC 충전방식 (가정용 콘센트, 완속충전기 방식)	(AC) 급속충전기 내장형 (상용화 예정)
	외장	–	DC 급속충전 방식 (CHAdeMO, COMBO)
무선	내장	무선충전기 방식(상용화 예정)	–
	외장	–	–

01 완속충전

먼저 충전속도에 따라 구별되는 부분부터 살펴보자. 완속충전은 기본적으로 가정용 전력규모의 상한선인 3.3㎾급[1]을 충전에 사용하는 방식이다. 이런 완속충전은 기존 전력망에 특별한 장치를 추가하지 않고도 사용이 가능하기 때문에 대

〈그림 3-1〉 전원 콘센트: 최대 허용 전류, 전압이 15A 250V라는 글씨를 확인할 수 있다.

1_ 가정용 콘센트의 실효전압 220V에 최대 허용전류 15A 곱하면 3.3㎾이다.

부분 전기자동차에는 완속충전을 위한 충전기가 내장되어있다. 가장 기본적인 충전방식이며 전원케이블로 일반 전원콘센트와 전기자동차를 연결하면 충전이 가능하다. 전원케이블로 두 곳을 연결하는 수고를 덜고자 홈충전기라고 하는 장치가 개발되었다. 전원케이블

〈표 3-2〉 완속충전 방법 분류

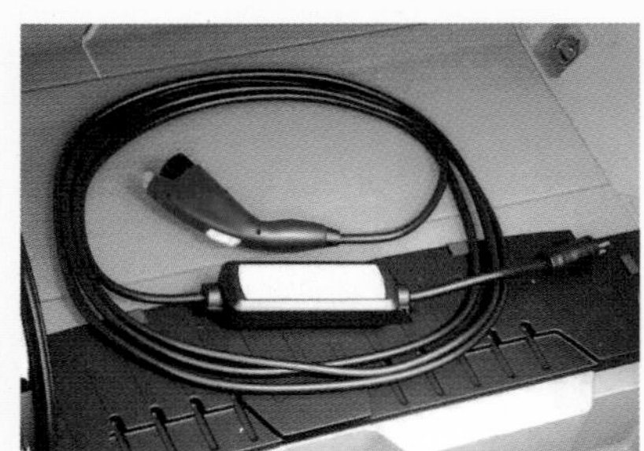

전원케이블 © Toyota

홈 충전기

공용 완속충전 스탠드

을 벽에 고정해 두고 차량만 연결하면 되는 것이 홈충전기이다. 완속충전방식의 전력요금은 전원콘센트가 설치된 건물에 함께 포함되어 청구되기 때문에 건물주와 전기자동차 차주가 일치하거나 사전에 맺어진 둘 사이의 약속이 꼭 필요하다는 한계가 있다. 각 가정에 개인용 주차장이 있고 그곳의 전원콘센트를 사용한다면 문제가 없겠지만, 우리나라처럼 아파트, 연립, 오피스텔, 원룸 등 공동주택에 주거하는 비율이 절대다수인 상황과 단독주택이긴 하지만 주차장이 없는 경우까지 생각하면 우리나라에서는 매우 소수의 주거환경에서만 사용할 수 있다는 한계를 가지고 있다.

이런 문제를 해결하고자 등장한 것이 공용 완속충전기이다. 정확하게는 공용 완속충전 스탠드라고 하는 것이 타당하다. 충전기, 그러니까 어댑터나 컨버터라고 하는 장치가 들어있지 않기 때문이다. 단지 전원케이블을 전원콘센트에 직접 연결하면 전기요금 과금에 문제가 발생하기 때문에 콘센트와 전원케이블 사이에 신용카드나 버스카드 등으로 결제할 수 있는 기능을 추가한 것이다. 전기요금 부담을 건물주가 아닌 전기자동차 사용자로 일치시키는 문제를 해결했기 때문에 아파트 지하주차장 등에 설치하여 전기자동차를 가진 사람이면 누구나 충전할 수 있게 만들었다. 하지만 완속충전기 장비가격과 설치에는 상당한 비용을 필요로 한다. 전기자동차 100만 대를 보급하고 그에 따르는 완속충전 스탠드 200만 기[2]를 보

2 _ 완속충전기가 전기자동차 대수의 두 배가 되어야 하는 이유는 이 책의 5장에서 설명한다.

급하려면 17조 원[3]이라는 어마어마한 예산이 필요하다. 이와 더불어 완속충전 스탠드의 설치를 부담할 주체가 명확하지 않다는 문제가 야기된다. 공동주택과 공공장소에 정부가 정부예산으로 설치해야 할지, 자동차제조사에서 판촉을 위해 설치해 주어야 할지, 민간사업자가 완속충전을 사업화해서 영리목적으로 설치하는 방법과 전기자동차의 차주가 직접 설치하는 방법 등 여러 가지 방법을 생각해 볼 수 있다. 정부예산을 사용하는 경우에는 천문학적인 세금을 사용해야 하는 문제가 발생한다. 아직 전기자동차는 차량가격 측면에서 경쟁력이 부족하기 때문에 세계 각국에서 보조금을 지급하고 있는데 완속충전 스탠드가 정부 부담을 증가시킨다면 분명 달갑지 않은 일이다. 자동차제조사가 설치해주는 것과 개인이 설치하는 것은 결국 전기자동차 가격 상승요인이 된다. 그리고 우리나라에서는 주거가 안정되지 않은 전월세 세입자 비중이 높기에 임대계약 기간만료 때마다 이사해야 하는 세입자의 입장을 헤아릴 필요가 있다. 이사할 때마다 발생하는 이전설치비용은 세입자들이 전기자동차 선택을 꺼려할 이유가 된다. 그렇다면 마지막으로 민간사업자가 설치하는 방법이 남아있는데, 이마저도 시간 당 1,000원이 되지 않는 전기요금에 마진을 붙여 판매한다 한들 투자비는 물론 관리비용조차 감당하기 힘든 사업구조를 가지고 있어 자발적으로 참여할 민간기업은 없다. 비용적인 측면뿐만 아니라 완속충전기의 터치스크린을 구동하기 위해 적지 않은 대기전력을 24시간 내내 소비해 전

3_ (재)한국스마트그리드사업단 (2010.9), 전기자동차 충전인프라 구축방안 참조

력이 허비되기도 한다. 더불어 완속충전기마다 사용법이 달라 천천히 사용설명서를 읽어가면서 작동시켜야 하는 문제라든지 특정회사의 전용 ID카드만을 사용해야 하는 경우에 발생하는 충전기끼리 상호호환이 불가능한 문제는 개선이 필요하다. 복잡한 인증 및 결제절차가 이뤄지는 과정에서 고장 또는 오작동의 가능성도 커진다. 이런 복합적인 미결과제가 남아있기 때문에 전기자동차 충전인프라 보급이 더딘 이유는 단지 전기자동차 판매가 이뤄지지 않아서가 아니라 전기자동차가 잘 판매되더라도 쉽게 해결할 수 없는 문제가 있기 때문이다.

02 급속충전

완속충전에서는 충전속도가 느린 만큼 완전방전 후 완전충전까지 8시간 정도 소요된다. 이를 해결하고자 등장한 것이 급속충전인데 시간당 50㎾급을 충전하는 것이 일반적이다. 급속충전의 경우 차량 내부에 완속충전과 같이 충전기를 설치하고 교류전력을 차량에 직접 사용하는 교류방식 급속충전과 고정식 급속충전기를 건물에 설치하고 직류전력을 차량에 공급하는 직류방식 급속충전의 두 가지가 있다. 교류방식(AC)급속충전은 차량가격이 300~400만 원 상승하고 직류방식(DC)급속충전은 5,000만 원이 넘는 매우 고가의 급속충전기를 시설해야 한다. 얼핏 보면 AC급속충전방식이 저렴한 것처럼 보이지만, 급속충전기의 설치대수를 고려하면 전혀 다른 결론을 얻게 된다. 2009년 정부안[4]에 따르면 DC급속충전시설 설치대수를 차량수의 0.89%정도로 예측하고 있는데 DC급속충전기의 고비용으로 인해 그 수를 최소화한 것으로 보인다. 미국의 한 연구기관의 연구결과에 따르면 급속충전기는 전기자동차 수의 2%가 필요하다고 한다. 우리나라에서 1% 미만의 급속충전기가 보급된다면 급속충전을 위해 줄을 서서 기다리는 일이 자주 벌어질 수 있다. 이는 급속충전의 장점을 희석시킬 우려가 있다. 우리나라의 '빨리빨리' 정서를 생각했을 때 급속충전을 위해 기다리는 것은 전기자동

4_ (재)한국스마트그리드사업단 (2010.9), 전기자동차 충전인프라 구축방안

차 사용자에게는 커다란 스트레스가 될 수 있어 재고가 필요하다. 더구나 우리나라는 설과 추석이라는 민족의 대이동이 있고, 여름철 휴가기간까지 자동차 사용이 집중된다는 사실을 감안하면 우리나라에서는 차량 대비 2% 이상의 급속충전기가 설치되어야 한다고 생각한다. 아무튼 전기자동차 전체차량의 2%를 급속충전기 설치기준으로 보더라도 국가전체적인 투자비용을 절약하는 데에는 직류방식(DC)외장형 급속충전이 유리하다. 교류방식 내장형 급속충전은 인프라를 구축하는 비용이 상대적으로 절약되는 장점이 있어 더 많은 수의 인프라를 구축하는 데에 적합하지만, 이용 빈도와 필

〈그림 3-2〉 급속충전기

요성을 감안하면 차량 가격이 상승하고, 모든 주체가 부담하는 투자비의 합이 매우 커지는 단점이 있다.

급속충전은 24㎾h 용량의 전기차 배터리를 30분 이내에 충전할 수 있기 때문에 사업성 측면에서는 완속충전의 8시간보다 월등히 개선된다. 하지만 동전의 양면과 같은 또 다른 문제가 야기될 수 있는데, 50㎾로 20,000대[5]의 전기자동차를 충전하면 1,000㎿의 전력이 순간적으로 더 필요하다. 쉽게 말해 지금보다 최신예 1,000㎿급 발전소 1기가 더 필요하다는 계산이다. 교류(AC)내장형 급속충전을 표준으로 채택하고 저렴한 비용으로 고압 전원콘센트를 충분히 설치하는 경우를 생각해보자. 전기자동차 100만 대 가운데 50%가 동시에 급속충전을 하면 25,000㎿가 필요하다. 즉, 현재 우리나라 전력수요의 1/3을 필요로 하는 것이다. 이런 일은 정말 재앙이라고 할 수 있다. 이것은 최악의 상황을 고려한 것이므로 실제로 이 정도까지는 아니겠지만, 전력 수요측면의 파급효과를 염려하지 않을 수 없다. 급속충전은 너무 적으면 불편하고, 너무 많으면 전력수급에 적신호가 켜진다. 완속충전이나 급속충전이나 그 가치 판단을 내리기 심히 어려운 부분이 많이 있다.

Tesla社가 미국전역에 설치하고 있는 급속충전소는 Model S에 한하여 평생 무료로 충전하도록 하고 있다. 초반에는 90㎾급 충전장비를 보급하였으나 불과 몇 달이 지나지 않은 지금에는 120㎾급 충

5_ 100만 대 기준 2% 수량, DC외장형 급속충전기 설치 기준

〈그림 3-3〉 Tesla의 급속충전소에서 충전 중인 Model S © Steve Jurvetson

전장비로 더욱 고속으로 충전할 수 있도록 하고 있다. Tesla에서는 충전인프라 설치에서 사용하기 까다롭고 오작동 우려가 있는 결제 기능을 과감하게 삭제하고 고급차량으로 절대적인 판매수량이 많지 않은 Model S 사용자에게 편의를 제공한 방법이다. Model S의 주행거리는 대용량 배터리 덕분에 400㎞이상이다. 내장된 85㎾h용량의 배터리는 120㎾급 급속충전을 하게 되면 30분을 넘기지 않고 충전하는 경우가 대부분이다. 300㎞ 이상 주행하고 30분 정도 충전시간을 사용한다면 운용에 큰 무리가 없을 것으로 보인다. 이렇게 기다리는 시간 동안에 급속충전소의 스낵바에서 판매하는 간식거리와 음료를 먹고 마실 수 있도록 하고 있다. Tesla는 바로 이 스

〈그림 3-4〉 급속충전이 적합한 전기마을버스

낵바 운영을 통해 급속충전 전력대금을 충당하는 사업구조를 생각한 것으로 보인다. 5장에서 소개할 동경대 요이치 호리 교수의 방안을 좀 더 응용한 것으로 볼 수 있겠다.

현대자동차에서 제작한 7m길이의 전기마을버스는 현재 우리나라에서 디젤엔진이 장착되어 운행하고 있는 마을버스를 충분히 대체할 수 있을 만한 제원을 갖추고 있다. 1회 최대 주행거리가 140㎞이긴 하지만 일반적인 마을버스의 운행형태를 고려하면 마을버스의 종점이나 기점에서 대기하는 짬짬이 급속충전을 하는 것만으로 큰 불편 없이 승객을 모실 수 있을 것이다. 검은 매연을 내뿜으며 언덕길을 오르던 디젤마을버스가 깨끗하고 조용한 전기마을버스로 바뀌게 되면 지역주민들의 건강에도 무척 도움이 될 것이다. 아울러 사진 속의 버스는 저상버스로 설계되어 교통약자를 위한 배려까지 완벽하다. 급속충전을 위해 자주 반복되는 절차가 버스운전자들에게는 스트레스가 될 수 있으므로, 이어서 소개하는 무선충전 방식의 적용도 고려해 볼만하다.

03 무선충전

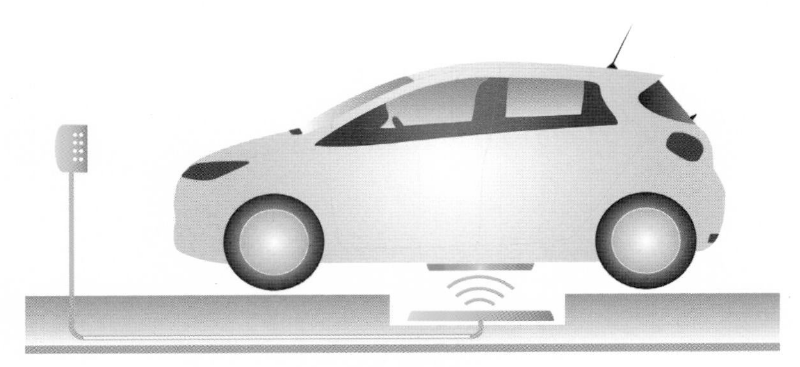

〈그림 3-5〉 무선충전기의 개요

이제 무선충전방식에 대해 살펴보도록 하겠다. 무선으로 전기를 충전하는 것을 다소 신기하게 바라보시는 분들을 종종 만날 수 있는데 간단히 원리를 설명하면 다음과 같다. 전기가 흐르는 도선에서는 도선을 감싸는 방향으로 자기장이 발생한다. 반대로 도선을 감싸는 자기장이 있다면 도선에 전기가 흐르게 된다. 이것을 전자기유도현상이라고 하는 데, 무선충전기의 송신부 도선에 전기를 흐르게 하여 발생한 자기장이 무선충전기 수신부의 도선까지 영향을 미쳐 무선충전기 수신부 도선에 전기가 흐르게 되는 것이다. 이렇게 전달된 전기를 충전하면 무선충전이 되는 것이다. 위 그림에서 볼 수 있듯이 무선충전 수신부는 차량에, 무선충전 송신부는 주차장 바닥에 위치한다.

〈그림 3-6〉 무선충전: 전동칫솔과 스마트폰 © Braun, LG전자

무선충전이 조금 생소하게 느껴질 수도 있지만, 이미 우리 삶에는 무선으로 충전하는 기기들이 제법 있다. 전동칫솔이 그렇고, 최신 스마트폰은 옵션으로 무선충전기를 판매하고 있다. 전동칫솔은 물에 젖거나 습도 때문에 발생할 수 있는 감전 위험을 예방하기 위한 것이고 스마트폰 무선충전은 편리함이 우선이다.

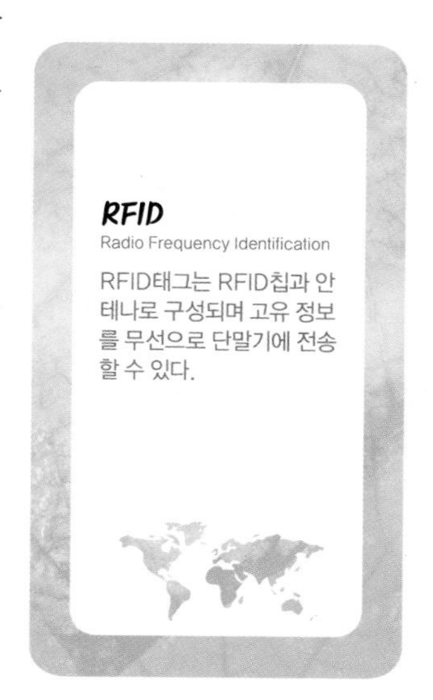

정말 아무도 모르게 대중화된 무선충전 기술을 한 가지 더 소개한다. 다름 아닌 누구나 지갑에 가지고 다니는 RFID 방식의 교통카드, 신용카드나 보안카드(사원증)가 바로 그것이다.

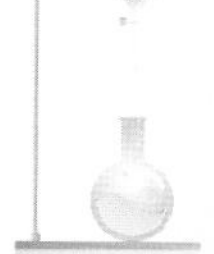

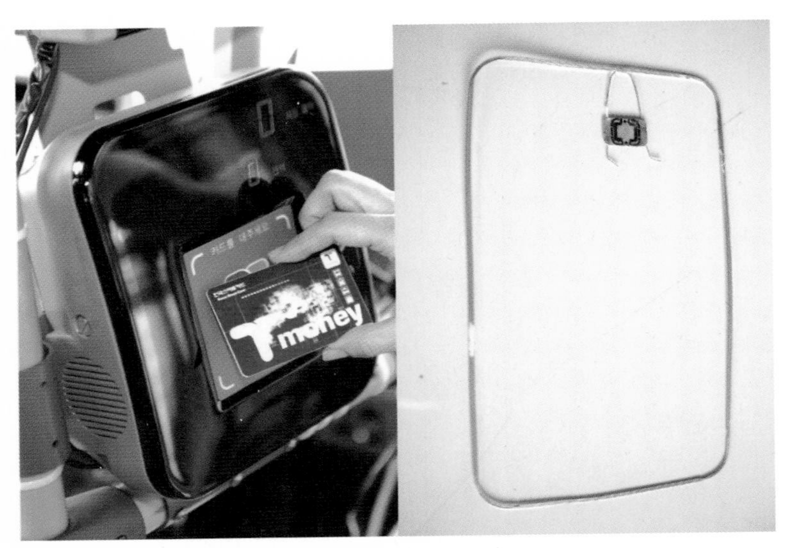

〈그림 3-7〉 RFID: 무선충전을 전원으로 사용한다. © 김상협

RFID 리더기에서 흘리는 전자기파를 RFID 카드 내부 코일에서 수신하여 얻어진 전원으로 RFID 칩에 변경된 정보를 저장하고 RFID 리더기와 통신을 할 수 있는 것이다.

전기자동차에도 매번 전원케이블이나 충전커넥터를 차에 연결하는 것보다 무선충전기를 주차장 바닥에 매설하고 주차하기만 하면 충전이 되는 편이 더 편리한 것은 당연한 이치이다. 편리함에 있어서 무선충전이 유선충전보다 편리한 것은 두말할 필요가 없고, 아마 지금까지 나온 자동차 사용법 가운데에서도 가장 편리한 방식이라고 생각한다. 하지만 편리함은 큰 비용을 수반하게 되는데 우선 설치비가 압도적으로 많이 들고, 차량에도 무선충전기 수신부가 장착되어야 하므로 차량가격 상승요인이 있다. 그리고 유선충전보다

10% 이상 전력손실이 발생하는 단점이 있다. 그리고 21세기의 새로운 공해 중 하나인 전자파(전자파는 전자기파의 줄인 말이다.)공해의 우려가 크다. 휴대폰에서 발생하는 전자파가 인체에 해로워 정부에서 이를 규제하고 시험결과를 측정·공표하고 있는데 전기자동차용 무선충전기에서 발생하는 전자파는 그 양과 강도에 있어 휴대폰과는 차원을 달리할 정도로 크다. 지금까지 소개한 전자기유도방식 무선충전에서 전자파를 줄인다는 것은 전자기파를 줄여 충전을 덜 하겠다는 것과 마찬가지이기 때문에 근본적으로 전자파 문제에서 벗어나기 힘든 면이 있었으나, 자기공명방식은 전자파를 안전한 수준으로 낮추면서도 충전효율을 향상시킨 기술로 상용화를 앞두고 있다.

이제껏 충전속도, 유무선, 충전기 차량탑재여부에 따라 분류된 전기자동차 충전방식을 살펴보았다. 이 방식들이 가진 한계를 극복하거나 틈새시장을 위해 개발된 충전기술이 존재한다. 다음으로는 이런 충전기술을 비롯해 이색적인 전기차 이용방법 네 가지에 대해 살펴보도록 하겠다.

04 배터리교체

이스라엘의 베터 플레이스라는 기업에서 내놓은 전기자동차 배터리교체방식이 있다. 휴대폰에서 배터리를 소진하면 여분의 배터리로 교체하는 것과 마찬가지 방식이다. 전기자동차 배터리 용량은 최신 스마트폰 배터리에 비해 최소 2,000배에 달한다. 그래서 전기자동차 배터리는 사람이 직접 교체하기가 불가능할 정도로 크고 무겁다. 이를 극복하고자 전기자동차를 정확한 위치에 주차하기만 하면 전자동으로 3분 이내에 전기자동차 배터리를 교체해주는 시스

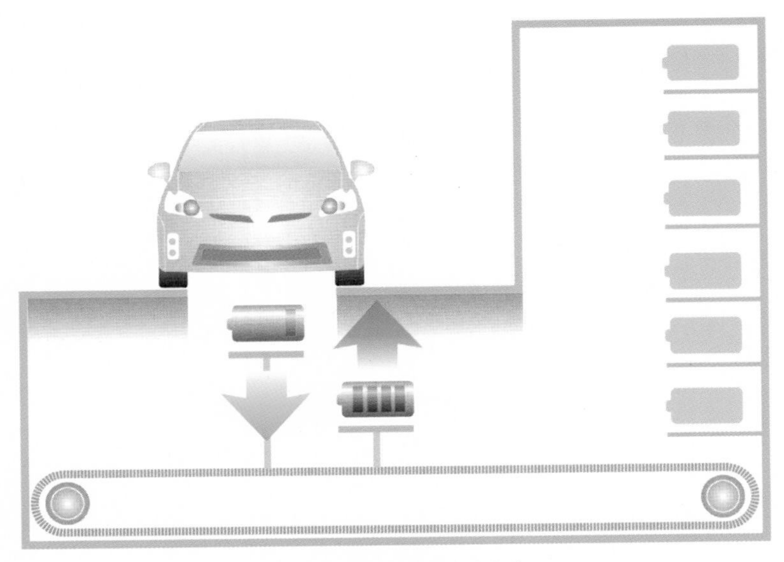

〈그림 3-8〉 배터리교체시설의 개요

〈그림 3-9〉 배터리교체 시연 중인 Nissan Rogue EV © Nissan, Better Place

템을 개발한 것이다. 마치, 자동세차기에 자동차를 정확하게 주차하고 세차서비스를 받는 것과 비슷하다. 전기자동차 가운데에서는 르노 Fluence Z.E.와 Tesla Model S 등이 이 시스템을 사용할 수 있도록 설계되었다.

Nissan과 Better Place는 Rogue에 배터리교체가 가능하도록 시험제작하기도 하였다. Rogue EV 시험모델의 배터리교체에는 단 90초 밖에 걸리지 않았다. Tesla Model S 또한 이와 같은 속도로 교체하는 모습을 대중 앞에서 시연했다. 특히 Model S는 주행가능 거리가 430 ㎞에 육박할 정도로 길고 배터리교체에도 시간이 아주 적게

〈그림 3-10〉 르노삼성자동차 SM3 EV

걸리므로 일반 차량이 기존 주유소를 이용하는 것과 차이가 없을 정도이며, 오히려 주유하는 데 걸리는 시간보다 짧은 편이다.

우리나라에서는 르노 Fluence Z.E.의 쌍둥이 차량인 르노삼성자동차의 SM3 EV가 배터리교체방식을 채택하고 있다. SM3 EV 측면을 자세히 보면 기존 SM3와 다른 점을 확인할 수 있다. SM3 EV는 기존 가솔린차량보다 트렁크가 15㎝ 길어졌다. 전기배터리를 쉽게 교체할 수 있도록 탈착식으로 설계하여 뒷좌석 바로 뒤 트렁크에 배치하는 과정에서 벌어진 결과다. 트렁크를 뒤쪽으로 늘였음에도 불구하고 가솔린차량의 절반에도 못 미치는 트렁크용량을 가지고 있다. 트렁크공간이 줄어들고 차량길이가 늘어나는 단점에도 불구하고 이 배터리교체방식은 전기자동차 사용자입장에서는 별도 충전시간이 필요 없는 매력적인 방식이다.

특히 프랑스의 주차환경[6]과 달리 주차할 때 차량 길이에 큰 영향을 받지 않는 우리나라에서는 별다른 문제가 되지 않는다. 하지만 약 250kg이 넘는 전기자동차 배터리를 자동으로 탈거하고 장착할 수 있는 장비와 그 탈거한 배터리를 충전할 수 있는 장비의 시설비와 설치비가 20억 원에 달한다고 한다. 이 비용부담과 이 시설을 설치할 공간을 확보해야 하는 등 어려운 문제가 있어 르노삼성자동차에서도 적극적으로 배터리교체시설을 설치하겠다는 의지를 보이고 있지는 않다. 그리고 배터리의 용량, 모양과 장착방법을 표준화해야 하는데, 표준화가 되지 않아 일부 차종에만 사용이 가능하다.

6_ 프랑스를 비롯한 유럽 국가 대부분의 주차 환경은 오래된 건물과 매우 좁은 주차 환경을 가지고 있다. 평행 주차 시에는 앞 뒤 차량을 밀어서 공간을 확보하고 간신히 차량을 들이 밀어야 하는 경우가 빈번하다. 이는 유럽에서 차량 길이가 짧은 소형 해치백이 인기 있는 이유이기도 하다.

05 수퍼 캐패시터

〈그림 3-11〉 다양한 용량의 캐패시터

수퍼(울트라) 캐패시터라는 것이 있다. 우리나라에서는 콘덴서라고도 많이 부르는 캐패시터는 모든 전자제품에 들어 있고 전기회로 안에서 전력을 일시 저장하는 용도로 사용한다. 캐패시터가 가지는 전력을 일시 저장하는 성질을 이용하여 전기자동차의 배터리를 대체하고자 하는 연구가 이루어지고 있는데, 전기자동차를 구동할 만큼 큰 용량의 캐패시터를 수퍼 캐패시터라고 부르는 것이다. 이런 수퍼 캐패시터를 사용하게 되면 얻게 되는 두 가지 성질이 있다. 하나는 캐패시터처럼 3분 이내에 완전충전이 가능할 정도로 빠른 충전속도를 구현할 수 있다는 장점이다. 반면 다른 하나는 배터리처럼 큰 전력량을 충전할 수 없다는 단점이다. 캐패시터의 특성상 배

〈그림 3-12〉 수퍼 캐패시터 방식의 중국 상하이 전기버스 © Brücke Osteuropa

터리보다 에너지저장밀도가 낮아 많은 전력을 담기 힘들다. 실제 6 kWh용량의 캐패시터가 1.5톤 정도이므로 리튬이온 배터리 24kWh용량이 250kg안팎인 것과 비교하면 에너지저장밀도가 불과 4%정도밖에 되지 않는다.

이런 장단점을 가진 수퍼 캐패시터를 응용해 중국 상하이에서는 시내버스를 정류소에 정차할 때마다 충전하여 다음 몇 정류소까지 짧은 거리를 이동할 수 있도록 하고 있다. 이렇게 시내버스와 같이 특수한 용도에 이용할 수는 있지만, 절대다수를 차지하는 일반 승용차 부분에는 적용하기 힘들다. 그야말로 배(자동차)보다 배꼽(캐패시터)이 더 크고 짧은 이동거리마다 충전이 필요하기 때문이다. 그럼에도 불구하고 기술적인 한계에 맞는 합리적인 사용처를 찾아 실용화에 성공한 것은 괄목할 만하다.

06 무선온라인충전

2009년부터 주목받아온 무선온라인전기자동차 시스템이 있다. 2010년 미국 Time紙와 2013년 다보스 포럼에서 미래 기술로 주목한 무선온라인전기자동차는 충분한 성장잠재력을 가지고 있다. 앞서 살펴본 무선충전방식과 유사한 시스템을 실제 도로에 연속적으로 설치해 놓고 전기자동차가 운행 중에 무선으로 전력을 공급하는 방식이다. 이 방식을 적용하면 운행 중에 전력을 지속적으로 공급받기 때문에 별도로 충전할 필요가 없어지므로 전기자동차를 사용하기에 가장 이상적이다. 무선온라인충전은 주행 중에 사용하는 전력보다 빠른 속도로 전력을 공급해 전력을 곧바로 주행에 사용하는 것과 동시에 배터리를 충전해 무선온라인충전선로를 벗어났을 때에도 주행이 가능하도록 해주는 급속충전방식이다. 서울대공원의 코끼리열차와 KAIST 교내셔틀버스 등에 사용하여 기존 내연기관차량과 달리 배기가스를 전혀 내뿜지 않는 쾌적함을 시연한 바가 있다. 특히 기존의 서울대공원 코끼리열차는 디젤기관차가 배출하는 매연을 탑승객이 직접 마시게 되는 문제가 있었으나 이를 말끔하게 해결하였다. 2013년 7월 구미시의 대중교통을 담당하는 노선버스에 적용되기 시작해 그 영역을 점차 확대할 것으로 보인다. 하지만 전국 네트워크 구축에는 막대한 투자비용이라는 극복하기 힘든 문제가 있어 당장 승용차에 적용하기에는 힘들다. 그리고 우리나라처

〈그림 3-13〉 무선온라인전기자동차: 서울대공원 코끼리열차 © KAIST

럼 도로파손이 잦고 수명이 짧은 경우에는 무선온라인선로의 유지보수 비용과 안전문제도 함께 고려되어야 한다.

무선온라인전기자동차는 무선충전기를 지중화 하는 데에 많은 투자를 필요로 하기 때문에 범용구간에서 사용하기는 어렵고 특정 구간에 한정하여 설치하는 편이 바람직하다. 경부고속도로 양재 IC와 수원 IC 사이 구간의 버스 전용차로에 무선온라인충전기를 설치하고 수도권 광역버스를 무선온라인전기버스로 전환하는 방법을 고려해볼 만하다. 실제로 이 구간을 경유하여 운행하는 버스노선은 매우 다양하고 일일 승객수송량도 절대적으로 많다. 이런 수도권광역버스 중에는 노후한 디젤버스가 상당히 많이 있어서 공해물질을 많이 배출하는 편으로 이산화탄소뿐만 아니라 수도권 대기오염에도 많은 영향을 미치고 있다.

〈그림 3-14 〉 경부고속도로 양재IC-수원IC 구간 © Daum, HYUNDAI MnSOFT

경부고속도로에서 주행 중에 충전하면 되기 때문에 서울시내와 수원, 용인 지역을 충분히 주행하면서도 충전을 위해 버스를 세워 둘 필요가 없어진다. 무선온라인선로를 양재 IC와 수원 IC 사이의 24㎞ 구간은 무선온라인전기버스의 효과를 가장 극대화 할 수 있는 최적의 설치 장소 중의 하나라고 생각한다.

07 전차(電車)

무선온라인전기자동차가 있으면 유선온라인전기자동차도 있을 수 있지 않을까? 이런 관점에서 가만히 생각해보면 전차라는 것이 있다. 電車라는 이름이 이미 전기자동차라는 것을 담고 있는데, 우리나라에서는 1969년을 마지막으로 전차가 도로에서 사라졌다. 전차가 남아있었더라면 서울의 대기오염이 훨씬 줄었을 것이다. 지금도 외국에서는 전차를 많이 찾아볼 수 있다. 한 때 서울시가 추진했던 BRT사업도 전차를 재도입하는 것이라고 볼 수 있을 것이다. 유선전원선로를 도로 위에 설치해야 해서 도로에 공간적인 제약이 따르는 문제가 있기 때문에 우리나라에서 전차가 사라진 것인데, 다시 신중히 도입을 고려해 볼 만하다.

〈그림 3-15〉 미국 샌프란시스코의 전차(電車): ZERO EMISSIONS VEHICLE이란 표시가 눈에 띈다.

2025 THE FUTURE OF

CHAPTER _ 04

미완의 신재생에너지

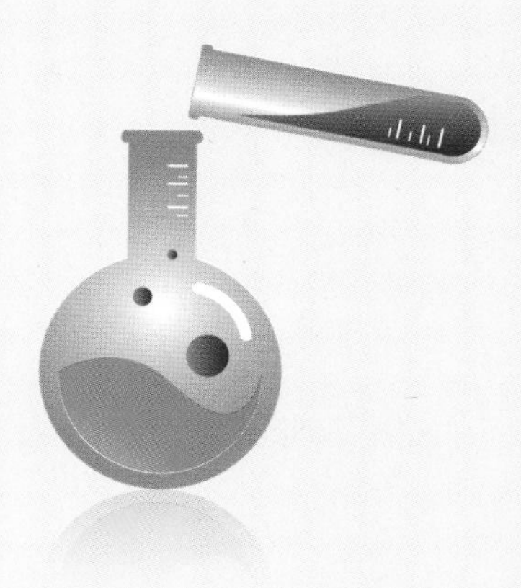

ELECTRIC VEHICLE

신재생에너지는 환경친화적이며
지구에 미치는 영향이 적은 대신
수소연료전지를 제외한 나머지 발전방법으로는
전력발전량을 수요에 적절하게 대응하기 힘들어
별도의 에너지저장시설을 필요로 한다.
전기자동차와 신재생에너지를 결합하여
아주 효과적인 '3차 산업혁명'으로 진입하도록
도와주는 전기자동차 인프라 네트워크
Geo-Line……

자동차에서 시작하여 전기자동차의 충전방식을 비교적 다양하게 서술하다 다소 의아하게 신재생에너지를 이 장에서 다루게 된 까닭은 다음 장에서 소개할 전기자동차와 신재생에너지를 아우르는 제안의 배경이 되기 때문이다. 신재생에너지는 기본적으로 재생이 가능한 에너지라는 특징을 가지고 지구생태계에 영향을 미치지 않거나 그 영향을 최소화한 에너지를 말한다. 그 중에서도 전기자동차와 직접관련이 있는 전력발전에 비중 있게 참여할 신재생에너지에 대해서 살펴보도록 하겠다.

01 풍력발전

먼저 풍력발전이 있다. 우리나라 선조들은 물레방아라는 수차를 이용한 방아를 사용해 곡식을 빻았지만, 물이 흔하지 않고 바람이 풍부한 유럽에서는 풍차를 이용해 곡식을 빻기도 했다. 수차가 수력발전의 원시적 형태라면 풍차가 풍력발전의 그것이다. 우리나라에서 수력발전은 댐을 건설하여 갈수기에 수자원을 확보하고 장마철 수해를 예방하는 목적과 함께 전력을 발전하는 다목적댐이 주로 건설되었다. 상대적으로 21세기의 풍력발전은 오로지 전력발전을 위해서만 설치한다. 다목적으로 사용할 수는 없지만, 그 대신 상시 전력을 만들어 낼 수 있다는 장점이 있다. 우리나라에서도 선진국과 마찬가지로 풍력발전이 가지는 공익적 가치를 인정하고 2013년 2월까지 492MW의 풍력발전시설을 설치하였으며, 풍력발전으로 민간이 손해를 보지 않고 운영할 수 있도록 발전차액지원제도를 통해 금전적인 지원을 해주기도 했다. 최근 들어 풍력발전은 더 이상 별도의 보조금이 필요 없을 정도로 발전원가가 낮아지게 되었는데 이를 Grid Parity라고 부른다. 이 때문에 풍력발전이 신재생에너지 가운데 가장 주목받고 있다.

풍력발전의 가장 큰 단점은 바람의 세기가 일정하지 않다는 것이다. 바람이 적절하게 불어줄 때에만, 전력을 생산할 수는 있는 것이 풍력발전이다. 풍력발전에서는 바람의 방향에 따라 풍력발전기의 방향이 최적이 되도록 능동적으로 대응할 수 있지만, 풍속은 발

〈그림 4-1〉 풍력발전 © Neptuul

전이 가능한 최소속도와 최대안전속도가 존재한다. 태풍이나 악천후로 인해 풍속이 매우 높은 경우에는 전력을 상업 생산할 수 없고 안전을 위해 풍력발전기를 정지시켜야 한다. 그런데, 전력소비량은 바람의 속도와 아무런 관계가 없다. 쉬운 예로 풍력발전기에 연결된 TV가 바람이 불 때에만 나온다고 하면 화면이 들락날락하여 보기가 힘들고, 컴퓨터가 예고도 없이 수시로 꺼진다면 일을 할 수 없을 것이다. 풍력발전으로 전력을 생산할 수는 있지만, 발전전력량이 일정하지 않아 정전이 일어날 우려가 있다.

그러나 노트북 컴퓨터나 스마트폰과 같이 배터리가 있어 갑작스러운 정전에도 영향을 받지 않는 경우라면 이야기가 달라진다. 이처럼 전력공급문제를 해결하려면 풍력발전기+에너지저장장치(Energy Storage System, ESS)이 필요하다. 노트북 컴퓨터는 이동성을 확보하기 위해 최종소비단계에 에너지를 저장하는 것이지만, 풍력발전은 발전단계에서 에너지를 저장하여 안정적인 전력공급이 가능하게 하는 것이다. 에너지저장시설에는 여러 가지 형태가 있을 수 있지만, 일반적으로 현재 가장 효과적인 방법인 전기배터리에 전력을 저장한다. 배터리는 전기자동차에서도 가장 비싼 부품인데, 발전용량에 따라 그 보다 수십 배 이상 큰 배터리를 필요로 하다 보니 결국 그 비용이 풍력발전기를 설치하는 비용보다 더 많이 들어가게 된다. 발전원가를 낮추기 어렵게 하는 새로운 장애물을 만난 셈이다. 이 에너지저장의 문제를 해결하지 못하면, 결국 안정적인 전력공급이 불가능하므로 우리는 풍력발전을 전력생산능력으로 인정하

〈그림 4-2〉 덴마크의 해상 풍력발전단지 © Denmark Embassy

고 의존할 수 없게 된다.

이 밖에도 풍력발전은 풍차가 공기와 마찰하면서 발생하는 풍절음이 있어 사람과 야생동물의 생활을 방해하는 문제가 있다. 이 문제로 인해 주거지역으로부터 상당한 이격 거리를 두어야 하는 한계점이 있는데, 이것이 도심지역에서 더 이상 풍력발전기를 찾아보기 힘들어진 이유이다.

해상 풍력발전은 지상 풍력발전보다 바람자원이 월등하게 풍부하고 주거지역에서 충분히 거리를 둘 수 있어 소음 공해로부터 자유로워 새롭게 주목받고 있다. 삼면이 바다로 둘러싸인 천혜의 자연환경을 가지고 있는 우리나라에서 매우 유용한 방법이 될 수 있다. 이미 제주도에서 해상 풍력발전단지를 조성할 계획을 발표하기도 했다.

02 태양광발전

〈그림 4-3〉 태양광발전: 지중해성 기후로 일사량이 풍부한 스페인

다음으로 태양광발전이 있다. 태양광전지를 통해 직접 전력을 생산하는 방식으로 일부 전자계산기나 하이패스 단말기 등에도 장착되어 배터리를 충전하거나 교체할 필요 없이 사용할 수 있도록 해준다. 태양광발전은 단위 면적당 발전량이 매우 작은 편이라 상대적으로 전기를 많이 사용하는 휴대폰이나 휴대용 노트북용으로 확장하지 못하고 초저전력 기기에만 제한적으로 사용할 수 있다. 태양광발전으로 한 가정에 필요한 발전량을 얻으려면 그 건물의 옥상 전체를 덮을 정도로 넓은 면적이 필요하다. 우리나라처럼 고층 아파트가 많은 경우에는 옥상으로는 부족하기 때문에 위층과 아래 층 사이 벽 공간에 태양광 전지를 설치하는 방법이 대안이 될 수 있다. 이 방식은 우리나라와 같은 고층건물이 많은 도심발전의 방법으로 유용하다.

이러한 방법을 통해 태양광전지로 일상생활에 필요한 전력을 발전할 수 있지만, 풍력발전과 마찬가지로 태양광발전도 일조량과 날씨에 따라 발전량이 달라지며 일몰 후부터 일출까지는 전혀 발전을 할 수 없는 한계가 있다. 태양광전지와 태양과의 각도에 따라서도 발전량이 달라지기 때문에, 맑은 날 낮 시간에도 발전량은 변하게 된다. 다만 여름철 냉방기 집중사용으로 인한 전력 Peak 시간대에 적절한 전력생산이 가능하다. 태양광발전은 풍력발전보다 전력 생산능력이 전력수요와 어느 정도 일치하는 특징이 있다.

재일교포 손정의 회장이 주창한 '아시아 수퍼 그리드'는 이점에 주목하고 있다. 일본의 전력 Peak 시간대에 필요한 전력을 몽골에서 신재생에너지를 통해 발전하고 한반도를 통해 송전하겠다는 것이다. 태양의 고도가 정점에 이르는 정오보다 몇 시간이 지나야 전력 Peak가 일어난다. 시차를 감안하면 몽골에서 가장 효과적으로 태양광전력을 생산할 수 있다. 이렇게 대륙간 장거리 전력이동을 위해서는 대규모 송전시설이 필수적이며 신재생에너지 발전이라고 할지라도 송전과정에서 벌어지는 문제로부터 자유롭지는 않다. 다만, 송전 손실을 최소화하는 초고압직류송전기술이 상용화되어 있으므로 장기적인 관점으로 '아시아 수퍼 그리드'의 구현을 지켜봐야 하겠다. 이 밖에도 태양광발전은 소음문제에서 자유롭기 때문에 주거지역이나 대도시에서 적합한 도심형 신재생에너지 발전방법이다.

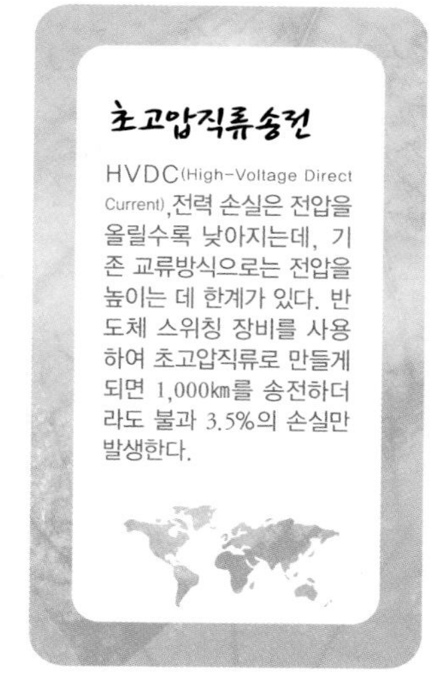

초고압직류송전

HVDC(High-Voltage Direct Current),전력 손실은 전압을 올릴수록 낮아지는데, 기존 교류방식으로는 전압을 높이는 데 한계가 있다. 반도체 스위칭 장비를 사용하여 초고압직류로 만들게 되면 1,000㎞를 송전하더라도 불과 3.5%의 손실만 발생한다.

우리나라에서는 발전차액지원제도와 신재생에너지 공급의무화제도의 효과로 2013년 연말까지 1,416MW 용량의 태양광발전 설비가 설치될 예정이다. 발전설비는 상당히 많이 설치되어 있지만, 풍력발전과 마찬가지로 불균일한 발전량 때문에 기존 발전시설을 대체하기 힘들다는 한계를 가진다. 태양광발전도 풍력발전처럼 에너지저장시설이 필요하기에 비싼 설치비와 함께 발전원가경쟁력을 더욱 저하시킨다.

03 수소연료전지발전

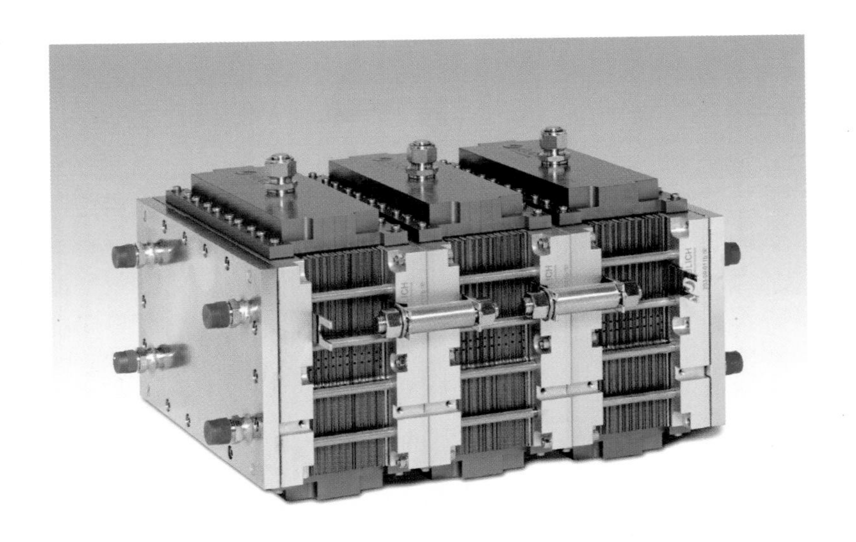

〈그림 4-4〉 수소연료전지 © Jülich Research Center

마지막으로 다룰 신재생에너지는 수소연료전지이다. 수소연료전지는 앞서 2장에서 다룬 수소연료전지 자동차와 같은 방식이다. 수소연료전지는 자동차용으로도 개발이 가능할 정도이기 때문에 용도에 따라 자유롭게 제작이 가능하다. 가정에서는 소형을 사용하고 화력 등 기존 발전소에서 기존 발전기를 대체하여 대형으로 사용할 수 있다. 기존 발전소에 수소연료전지를 설치하면 나머지 송배전시설을 그대로 연계하여 사용할 수 있는 장점이 있다. 수소를 얻는 방법은 물에서 전기분해를 할 수도 있고, 수소를 포함하는 다양한 기존연료로부터 수소를 추출하는 방법도 있다. 기존연료에서 수소를 추출하는 경우에는 이산화탄소나 기타 유해물질을 발생하기도 한다.

수소연료전지는 신재생에너지 발전방법임에도 불구하고 앞서 언급한 풍력이나 태양광발전과는 달리 안정적인 전력공급이 가능하다. 대신, 태양광발전보다 시설투자비가 많이 필요할 정도로 매우 높은 투자비를 필요로 한다. 대신 수소를 저렴하게 공급할 수만 있다면 필요한 전력을 매우 안정적이면서도 효과적으로 공급할 수 있다. 수소를 저렴한 가격에 생산, 공급할 수 있는 다양한 방안이 많이 연구되고 있기 때문에 조금 길게 보면 충분한 경제적 가능성을 지닌 신재생에너지이다. 수소연료전지발전은 별도의 에너지저장시설이 없어도 충분히 전력생산능력으로 인정할 수 있으며, 그 기동시간도 비교적 짧아 전력이 필요한 시간에 유연하게 발전할 수 있다는 장점이 있다. 오히려, 전기분해장치[1]와 수소연료전지를 결합시키면 에너지저장시설의 한 종류로 응용이 가능하다.

이 밖에도 다양한 신재생에너지발전방법이 있지만, 신재생에너지로서 갖는 혜택과 한계점은 앞서 소개한 풍력, 태양광, 수소연료전지의 특징과 크게 다르지 않고 아직 그 비중이 크지 않다. 이 밖에도 보다 다양한 신재생에너지에 대해 관심이 있다면 『신재생에너지 백과사전』[2]과 한국에너지기술연구원 홈페이지(www.kier.re.kr) 그리

1_ 물을 전기 분해하면 수소와 산소를 생산할 수 있다.

2_ 신재생에너지 백과사전, 2013, 이원욱 외 지음, 나무와숲

고 복류식 조력발전 소개영상 (http://youtu.be/DJ0X-C14Rb8)을 참고할 것을 권한다. 신재생에너지는 환경친화적이며 지구에 미치는 영향이 적은 대신 수소연료전지를 제외한 나머지 발전방법으로는 전력발전량을 수요에 적절하게 대응하기 힘들어 별도의 에너지저장시설을 필요로 한다. 제러미 리프킨 교수의『3차 산업혁명』에서는 신재생에너지가 가지는 한계를 극복하고자 불규칙적으로 만들어진 신재생에너지를 전력의 최종 소비장소인 건물에서 에너지를 생산, 저장하며 가까운 이웃에서부터 대륙 사이에 이르기까지 전력을 공유하고 그 전력을 매매할 수 있도록 하자고 밝히고 있다. 이제 다음 장에서는 전기자동차와 신재생에너지를 결합하여 아주 효과적인 '3차 산업혁명'으로 진입하도록 도와주는 전기자동차 인프라 네트워크 Geo-Line에 대해 소개하도록 하겠다.

2013년 6월 현재 대한민국은 노후 원전의 고장과 신규 원전의 불량부품 사용으로 인해 원전의 상당수가 정지되어 있는 상황이다. 이 때문에 애초 예상한 여름철 전력공급에 큰 차질이 예상된다. 2013년의 원전은 예전과 달리 발전용량을 구성하는 주체로서의 신뢰도가 무척 떨어졌다. 원전 수리에는 여러 달이 걸리기 때문에 2013년 여름은 불안한 전력 수급을 견뎌내야 한다. 이런 결과는 우리에게 원자력발전이 그리 안정적인 에너지가 아니라는 점을 증명하고 있다. 이런 점에서 풍력과 태양광 등 신재생에너지는 안정적인 대안 에너지라고 할 수 있다. 신재생에너지는 개별 발전기의 용량이 크지 않아 매우 많은 수의 발전기에 분산해서 발전해야 한다. 이런 특성 때문에 신재생에너지는 정비를 위해 1~2%의 발전기를 정지시켜도 전체 발전용량에 미치는 영향은 그리 크지 않다.

CHAPTER _ 05

Geo-Line 소개

E L E C T R I C V E H I C L E

Geo-Line은 전기자동차를 보급하는 데 장애가 되는
충전인프라 문제 해결과 더불어
전기자동차를 편리하고 효과적으로
사용할 수 있도록 도와준다.
그리고 Geo-Line은 신재생에너지 이용에
필수적인 에너지저장시설의 역할을 할 수 있어
신재생에너지 보급의 촉매제가 된다.

지금까지 2~4장에 걸쳐 제법 다양한 배경 정보에 대해 살펴보았다. 이 장에서는 전기자동차와 신재생에너지를 결합하여 가장 경제적인 방법으로 '3차 산업혁명'을 할 수 있도록 전기자동차 충방전인프라 네트워크를 활용한 새로운 해법을 제시하도록 하겠다.

이에 앞서 잠시 전기자동차 충전 패턴에 참고가 될 만한 내연기관자동차, 스마트폰의 충전 패턴을 비교하고자 한다. 일반적인 내연기관 자동차는 400~500㎞정도 주행하고 나서 주유소에 가서 휘발유나 경유를 주유한다. 반면 스마트폰은 보통 집과 직장에서 충전하며 습관적으로 충전기에 연결시켜 놓는다. 스마트폰은 고성능

CPU, 넓은 화면과 다양한 기능으로 인해 피처폰에 비해 전력소비량이 매우 크다. 스마트폰은 자주 충전하는 것이 조금 불편하지만, 이것이 습관화된 요즘에는 스마트폰 배터리 사용시간이 짧다고 하소연하는 사람을 찾아보기 어렵다. 스마트폰이 주는 만족이 빈번한 충전의 불편함을 훨씬 넘어서기 때문이다.

전기자동차도 실제 사용하기에 앞서 그 충전 패턴에 대해서 생각을 해봐야 한다. 전기자동차를 기존 내연기관 자동차처럼 정해진 곳에서 충전해야 할까? 아니면 스마트폰처럼 장소 제한 없이 충전해야 할까? 스마트폰을 예를 든 부분에서 이미 눈치를 챌 수 있을

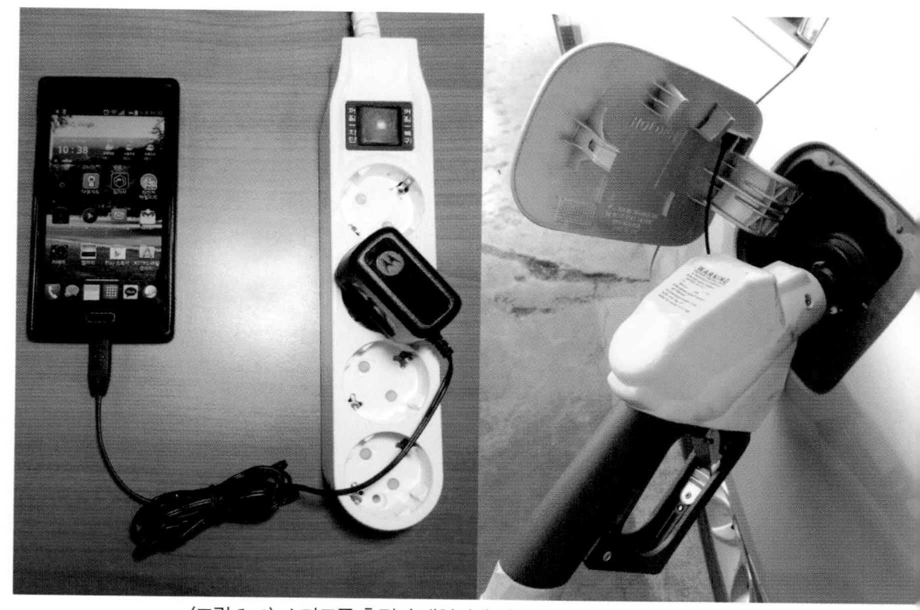

〈그림 5-1〉 스마트폰 충전과 내연기관 자동차 주유

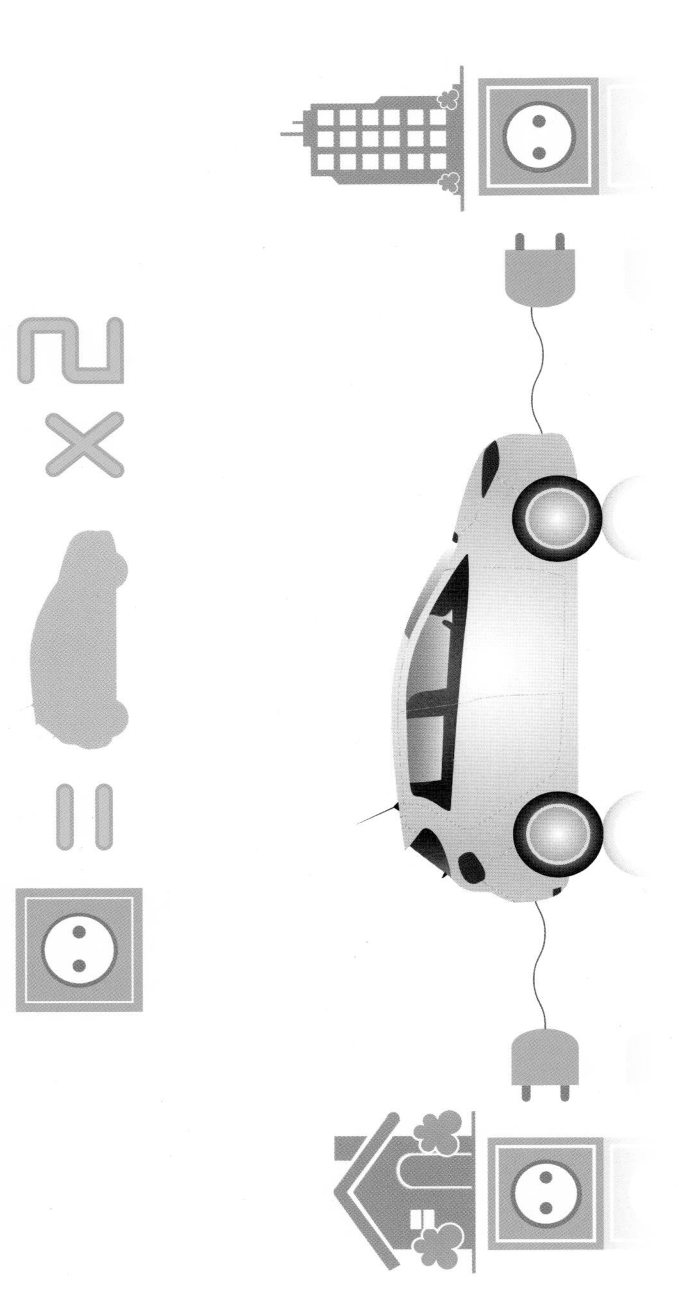

〈그림 5-2〉 전기자동차는 집과 직장에서 충전할 수 있어야 한다.

것이다. 전자의 경우, 주유소처럼 충전소를 준비하고 약 100㎞를 주행하고 매번 20-30분씩 고속충전을 해야 한다. 아무리 고속충전이라 해도 기존 주유소와 비교해 충전시간이 매우 길고 충전소에 자주 가야 하는 단점이 있다. 이 뿐만 아니라 전기자동차 운전자는 제한적인 이동거리 때문에 항상 스트레스를 받게 된다. 이런 스트레스를 외국에서는 Range Anxiety[1]라고 규정하고 있다. 따라서 전기자동차를 자유롭고 편리하게 사용하기 위해서는 기본적으로 집과 직장(또는 목적지)의 주차장에서 자유롭게 충전할 수 있는 환경이 조성되어야 한다. 따라서 충전인프라의 수는 전기자동차 대수의 2배 이상이 필요하다는 결론을 얻을 수 있다.

충분한 수의 전기자동차 충전인프라를 저렴하게 공급할 수 있다면 지금처럼 주행거리가 제한적인 전기자동차로도 별다른 불편 없이 차량을 운행할 수 있을 것이다. (실제 자동차 1일 주행거리의 95%는 100㎞미만이라고 한다.) 제한적인 이동거리를 가지고 있을 때에는 주유소나 충전소에 찾아가는 것이 Range Anxiety라는 스트레스가 되지만 집이나 직장에 충분히 도달한다는 확신이 있고, 지속적으로 전기자동차를 사용하면서 익숙해지게 되면 더 이상 스트레스가 되지 않을 것이다. 스마트폰의 그것처럼…….

공공장소에 시범 설치된 전기자동차의 완속충전 시스템은 충전기의 기능이 없고 오로지 충전 전력요금을 과금할 수 있는 장치이

1 _ 미국의 한 조사 결과에 따르면 전체 전기자동차 운전자의 64%가 Range Anxiety를 경험했다.

다. (충전 전력요금 결제만으로는 매출액이 매우 적기 때문에 차량을 사용한 시간만큼 요금을 내는 카쉐어링을 위한 장치로 응용되기도 하다.) 신용카드나 교통카드로 결제할 수 있는 기능이 추가되고, 디스플레이가 장착되어 현재 충전 상태를 알려주고 메뉴를 조작할 수 있어 과금이 가능하다. 덕분에 아파트를 비롯한 공동주택의 주차장이나 대형 건물, 쇼핑센터 등 사람이 많이 모이는 장소에서 전기자동차를 충전할 수 있다.

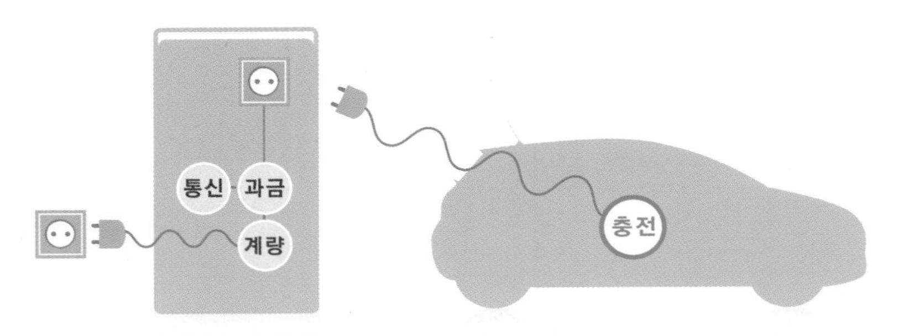

〈그림 5-3〉 기존 완속충전 시스템의 개념도

하지만, 단순히 과금기능을 위해 900만 원[2]을 들여 완속충전 시스템 장비를 설치하는 것이 합리적인 지에 대해서는 의문이 든다. 연평균 전기자동차용 전력요금을 기준으로 하루에 8시간씩 충전할 때 전력 요금은 연간 약 179만 원으로 투자비 대비 매출원가가 무척 작다. 적정한 수익구조를 갖추기 위해 전력 요금에 큰 마진을 설정하게 되면, 운행비용이 저렴한 전기자동차의 장점이 사라지기 때

2_ (재)한국스마트그리드사업단 (2010.9), 전기자동차 충전인프라 구축방안

문에 또 다른 딜레마에 빠지게 된다.

그래서 동경대의 요이치 호리 교수는 상업용 빌딩의 주차장에서는 화장실처럼 전원콘센트를 무상으로 제공할 것을 제안하고 있다. 상업용 빌딩에 주차된 자동차는 차주가 그 건물에서 매출을 발생하기 때문에 충분히 무상으로 전력을 제공할 만한 가치가 있다고 말한다. 일반용 전력가격을 기준으로 한 시간에 300원 안팎이기 때문에 불가능한 제안이 아니라고 생각한다. (화장실 1회 이용 비용은 10원 미만이다.) 같은 맥락으로, 수년 전 일부 대형 마트에서 전기자동차 주차구획을 지정하고 콘센트를 제공하고 있다는 기사가 보도되었다. 다른 예로 탤런트 박진희씨는 전기자동차를 타고 외출하면 카페나 식당 같은 곳에 부탁해 충전한다고 방송에서 밝힌 적이 있다. 이렇게 효과적인 요이치 호리 교수의 제안을 확대 적용하려면 사회적 합의나 캠페인 같은 매개체가 필요하다.

하지만, 요이치 호리 교수의 제안은 우리나라 주거형태의 과반을 차지하는 아파트, 연립주택, 다세대주택 등 공동주택에서 충전하는 데에는 한계점을 가지고 있다. 누군가 아파트 지하주차장에서 전기자동차를 충전하고 그 요금을 모든 아파트 입주민이 나누어 낼 수는 없는 노릇이기 때문이다. 가장 우선적으로 충전이 필요한 각 가정의 전기자동차 충전 문제를 해결하지 못하는 것이다. 공공장소에서의 충전은 이렇게 쉽지 않은 문제가 있지만, 거꾸로 생각해 충전전력 과금문제를 합당하게 해결할 수 있다면, 그 때에는 전기자동차 사용하기가 혁신적으로 편리해질 것이다.

01 Geo-Line 개요

Geo-Line은 전기자동차의 새로운 충방전 및 과금 시스템의 서비스 명칭이며 전기자동차 인프라 네트워크이면서 전기자동차 전력 중개 서비스이기도 하다. 기존 방식에 비해 다양한 기능을 복합적으로 제공하는 본 시스템은 그 기능을 나열할 경우에 명칭이 너무 길어져 고유한 역할을 인상적으로 표현하기 어렵게 된다. 그리하여 새로운 이름을 긴 고민 끝에 만들게 되었다. Geo-Line의 의미는 전지구(Geo)의 전력을 Online해서 전기자동차 이용을 활성화하고 그로 인해 이산화탄소 배출을 줄이고 지구온난화를 막아 지구 환경을 보호하려는 의지를 담았다. Geo-Line의 기능 및 개요는 다음과 같다.

1) 건물에 별도 시설을 설치, 투자하지 않는다.
2) 전기자동차의 배터리를 충전하고 배터리에서 방전할 수 있다.
3) 전기자동차 배터리의 충전량 또는 방전량을 정확하게 계량하여 전력대금을 청구하거나 환급한다.
4) 위치 기반 정보를 통해 전원콘센트를 제공한 건물주에게는 전기자동차가 사용한 만큼 전력량을 정산하여 콘센트 제공에 따른 경제적인 피해가 없도록 한다. 더불어 콘센트 제공에 대한 보답으로 인센티브를 제공할 수 있다.
5) 충방전 기능을 활용하여 신재생에너지에 필수적인 에너지저

장시설 역할을 수행하는 등 전력망을 안정시킬 수 있다.

6) 전기자동차용 전력요금이 저렴한 시간대에 우선적으로 충전 할 수 있게 하는 등 다양한 부가 서비스를 제공할 수 있다.

Geo-Line은 전기자동차를 보급하는 데 장애가 되는 충전인프라 문제 해결과 더불어 전기자동차를 편리하고 효과적으로 사용할 수 있도록 도와준다. 그리고 Geo-Line은 신재생에너지 이용에 필수적인 에너지저장시설의 역할을 할 수 있어 신재생에너지 보급의 촉매제가 된다. 이와 같이 Geo-Line은 물리적인 스펙의 한계를 네트워크를 통해 극복하는 새로운 접근법이기도 하다.

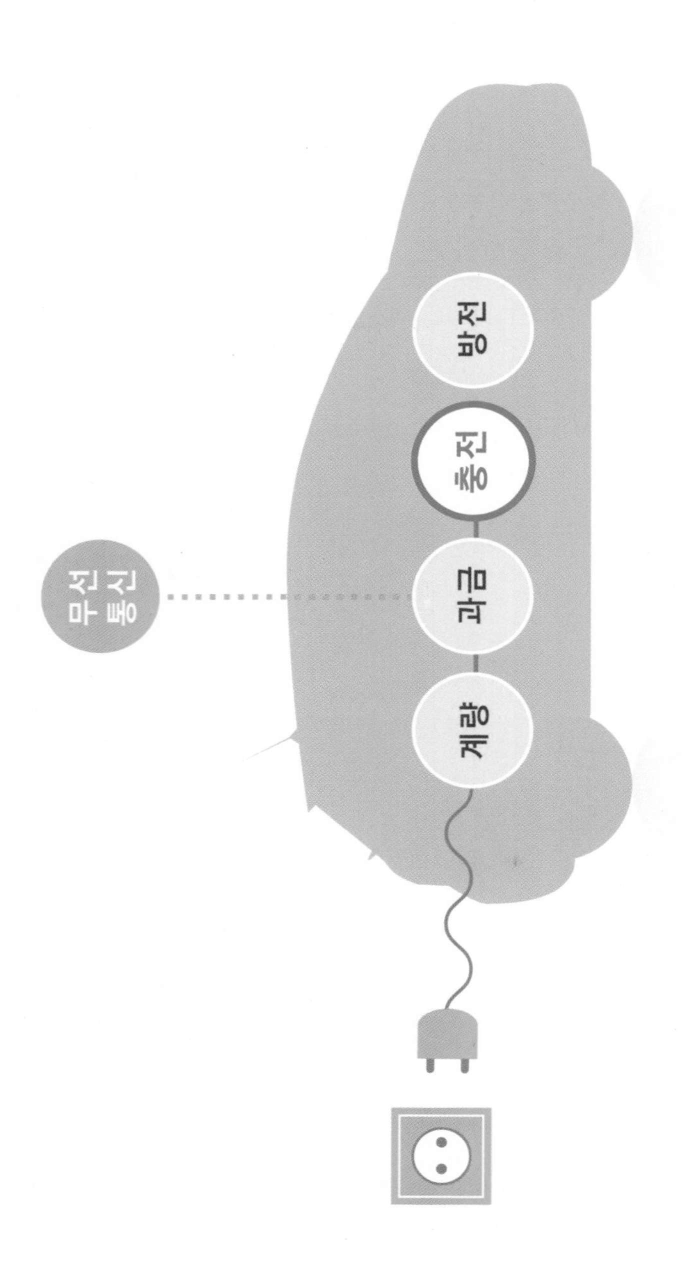

〈그림 5-4〉 Geo-Line의 개념도

Geo-Line을 사용하기 위한 기본적인 차량용 장치 구성은 차량에 전력을 계량하고 과금할 수 있는 장치와 GPS(Global Positioning System)와 LPS[3](Local Positioning System) 등을 통해 최대한 정확한 전기자동차의 위치를 파악하는 장치로 이루어져 있다. 이를 통해 전기자동차가 전원을 연결하고 있는 건물의 위치 정보를 파악할 수 있으며 충방전에 사용된 전력량 정보도 정확하게 얻을 수 있다. 이 정보들을 이동전화망 등 무선통신을 통해 Geo-Line 서비스기업에 전송하고 Geo-Line 서비스기업은 사용 이력에 근거하여 전기자동차 차주에게는 전력 요금을 청구하고, 건물주에게는 전기자동차에서 사용한 전력량이 차감 정산된 전기요금 청구서를 송부한다. 이렇게 하면 완속충전 시스템을 새로 구축할 필요 없이 콘센트를 공유하는 것만으로도 전국적인 충전인프라가 "즉시" 완성되는 것이다.

콘센트를 공유하는 것만으로도
전국적인 충전인프라가
"즉시" 완성되는 것이다.
"즉시"

3_ 지상파 방송 기지국 등의 지상전파의 위상차를 통해 위치를 파악하는 시스템

02 Geo-Line 충전

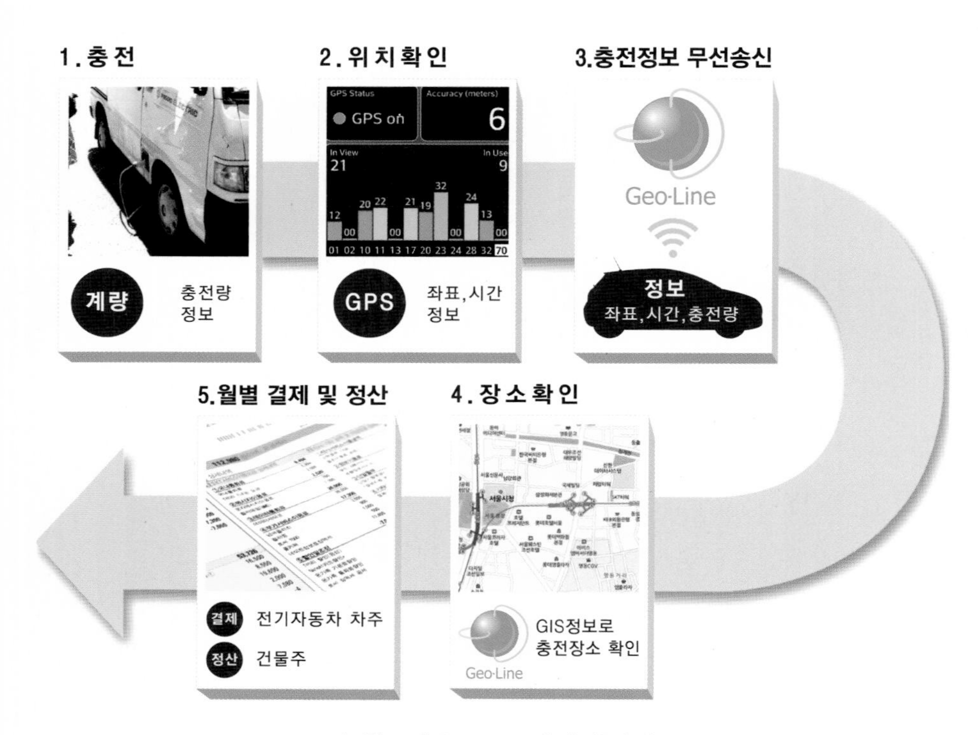

〈그림 5-5〉 Geo-Line 충전 작동순서

Geo-Line을 통한 충전은 다음 순서대로 작동한다.

1) 건물의 콘센트에 전기자동차의 충전플러그를 연결하고 차량에 내장된 전력계량 장치를 통해 충전량 정보를 얻는다.

2) GPS, LPS 등을 통해 정밀 좌표, 시간 정보를 얻는다.

3) 전기자동차에서 Geo-Line 서비스기업에 좌표, 시간, 충전량 정보를 전송한다.

4) Geo-Line 서비스기업은 GIS(Geographic Information System) 정보와 대조하여 충전장소를 확인한다.

5) 매월 그 이력에 따라 전기자동차 차주는 전기자동차 충전 전력요금을 결제하고 건물주의 전력량을 정산한다.

이상의 5가지 절차 중에 전기자동차 사용자가 해야 할 일은 오로지 1번과 5번이다. 즉, 충전플러그를 연결하고 이용 대금을 결제하기만 하면 된다. 이를 'Plug and Pay'라고 표현할 수 있다. 'Plug and Pay'는 막대한 시설 투자비가 드는 무선충전시스템으로만 가능한 'Park and Pay'나 'Drive and Pay'를 제외하고는 가장 편리하게 충전하고 가장 명쾌하게 전기요금을 과금할 수 있게 해준다.

이제 차려진 밥상이 무엇을 말하려고 했는지 알 수 있을 것이다. 우리나라는 세계 최고 수준의 IT기술력, GIS정보, 전력망, 이동통신망이라고 하는 근사한 밥상을 이미 가지고 있다. 이렇게 차려진 밥상에 소프트웨어적인 접근으로 수저만 얹을 수 있다면, 우리는 20세기의 유산이라고 할 수 있는 하드웨어 투자를 최소화할 수 있을 것이다.

Geo-Line은 Network를 활용한 혁신이라고 할 수 있다. 2000년 전 예수님께서는 어려움이 있을 때 서로 나누어 돕고 공유하는

〈그림 5-6〉 2000년 전의 지혜: 사람 낚는 그물과 네트워크

Network의 특징을 잘 알고 계셨다. 이를 사람들에게 알리기 위해 그물(Net)로 물고기 낚는 일(Work)을 하는 어부들을 제자로 삼으신 것이다. 그리고 그 제자들로 하여금 사람들을 낚는 Network를 하도록 하셨다. IT분야에서 흔히 사용되기도 하는 Network는 여러 사람 사이의 복합적인 유대 관계를 말하기도 하는데 바로 이런 이유에서 비롯되었다고 생각한다. 그물은 그것의 상하좌우를 알 수 없어 평등한 공동체의 모습과 닮아 있기도 하다. 그물에서 한 올은

홀로 아무런 의미를 가지지 못하지만, 한 올 한 올이 모여 공동체를 이루게 되면 그 어떤 낚싯줄 보다 크고 많은 물고기를 잡을 수 있는 힘을 가진 그물이 된다.

그물은 잡는 물고기에 따라 그물코의 크기가 다르고 그물의 굵기도 다르다. 작은 물고기를 잡는 그물과 큰 물고기를 잡는 그물은 그물코의 크기와 그물의 굵기로 구별할 수 있다. 지금까지 전기자동차라는 큰 물고기를 잡기 위해서는 크고 굵은 그물을 새로 만들어야 한다고 여겨졌다. 이제부터는 지금 가지고 있던 여러 그물을 결합시킨 새로운 Geo-Line이라는 그물을 사용하여 전기자동차라는 월척과 신재생에너지라는 선물까지 함께 잡을 수 있다. (Geo-Line과 신재생에너지의 관련성은 다음 절에서 설명한다.)

이 Geo-Line을 사용하기 위해 건물에 필요한 투자는 주차장에 전원콘센트를 설치하는 것뿐이다. 주차장에 전원콘센트를 설치하기 위해서는 전력 공급 용량을 확보하고 전선을 연장하는 작업도 함께 이뤄져야 한다. 이정도 기초적인 준비 작업은 모든 충전방식에서 불가피하게 공통적으로 투자해야 하는 부분이다. 전력을 사용하기 위한 전기의 흐름은 뉴턴의 법칙처럼 절대적이어서 Geo-Line이라고 예외가 될 수는 없다. 다만 건물의 지하 주차장에서 허용 전류 규격에 문제가 되지 않는 범위에서 조명용 전선 등에서 간편하게 연장할 수도 있을 것이다. 별도의 완속충전 시스템을 설치하는 것과는 달리 전원콘센트의 수를 많이 두더라도 그 설치비가 크게 차이 나지 않기 때문에 다수의 주차면에 전원콘센트를 설치하게 되면 전기자동차 전용 주차구역을 설정하지 않아도 된다. 이렇게 하면 전기자동차와 기존 내연기관 자동차를 구별하지 않고 편리하게 주차할 수 있다. 전원콘센트를 다수 설치하여도 전원에 연결된 전기자동차의 수는 일부에 그치게 되므로 전력 용량 때문에 문제가 발생하지 않는다.

만일 전기자동차 동호회 모임과 같이 특수한 경우가 발생한다면 건물 전체의 허용 전력량에 맞춰 개별 전기자동차의 충전을 시간차를 두고 나누어 충전할 수 있어 과전류 문제를 예방할 수 있다. 물론 이런 상황에 처한 전기자동차 사용자가 일일이 설정해야 하는 사항이 아닌 Geo-Line 서비스기업의 적극적인 개입으로 해결이 가능한 부분이다.

〈표 5-1〉 허용 전력량을 초과하는 전기자동차를 동시에 충전하는 방법

	0분	10분	20분	30분	40분	50분	60분
1호차	충전	충전	충전	충전	충전	–	
2호차	–	충전	충전	충전	충전	충전	
3호차	충전	–	충전	충전	충전	충전	
4호차	충전	충전	–	충전	충전	충전	
5호차	충전	충전	충전	–	충전	충전	
6호차	충전	충전	충전	충전	–	충전	

건물의 최대 동시 충전 가능 대수가 5대인 경우에 6대가 동시 접속하면 표 5-1과 같이 1시간을 차례대로 10분씩 나누어 충전해 문제를 해결할 수 있다. 개별 전기자동차의 충전 시간이 지연될 수 있지만, 건물 전체가 정전되는 사고를 슬기롭게 예방할 수 있다. 이 개념은 Geo-Line을 포함한 다른 모든 전기자동차 충전시스템에도 두루 적용할 수 있겠지만 Geo-Line에 가장 적합한 방식이다.

03 Geo-Line 방전: 이동식 ESS

Geo-Line은 기본적으로 주차할 때마다 항상 전원콘센트를 연결하는 것을 지향한다. 전기자동차 배터리의 충전 상태와 무관하게 전력 계통과 연결되어 있는 상태를 바란다. 그래야 방금 앞서 설명한 것과 같이 정전 예방이 가능하며, 지금부터 설명하려고 하는 방전 기능도 작동할 수 있기 때문이다. 전기자동차는 지금까지의 자동차처럼 에너지를 소비하기만 하는 것이 아니라 이동식 대형배터리라고 생각해도 큰 무리가 없다. 전기자동차의 배터리를 이용해 전력 공급이 풍부할 때 전력을 배터리에 저장하고 전력 수요가 많은 상황에서는 거꾸로 그 배터리로부터 전력을 꺼내 사용할 수 있다. 따라서 전기자동차 배터리는 신재생에너지의 불균일한 발전량을 보완하는 에너지저장장치의 역할을 수행할 수 있다. Geo-Line을 이용하면 자동차 부분에서 발생하는 이산화탄소 배출을 감축할 수 있을 뿐만 아니라, 이산화탄소를 가장 많이 배출하고 있는 발전 부문을 신재생에너지 발전으로 대체할 수 있다. 이렇게 한 번의 투자로 두 가지 효과를 내기 때문에 가장 경제적으로 이산화탄소 배출을 개선할 수 있다. 또한, 우리나라처럼 계절이 양극화되어 있고 연교차가 큰 지역의 무더운 여름 오후 시간이나 추운 겨울 오전 시간처럼 전력 피크가 상습적으로 발생하는 경우에도 활용하면 아주 좋은 방법이다.

물론 이렇게 하기 위해서는 전기자동차와 건물에 일정한 장치를

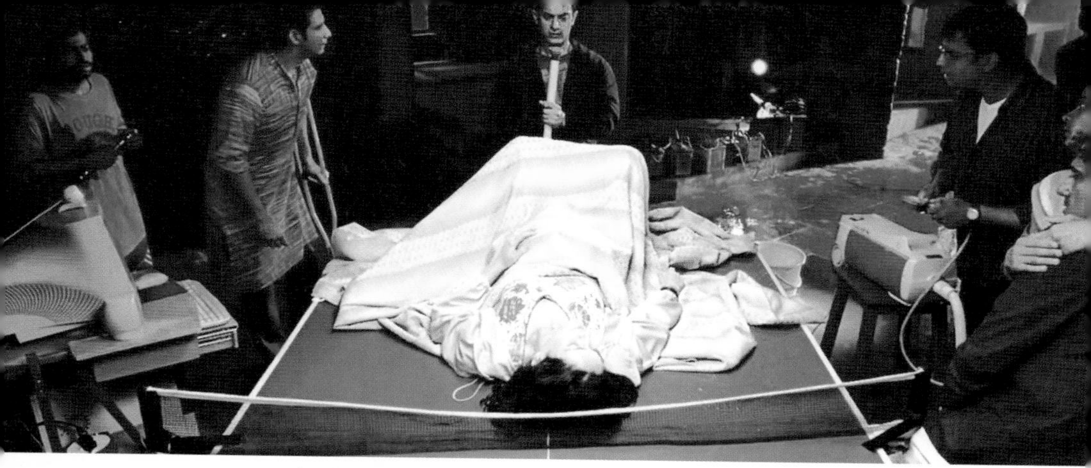

〈그림 5-7〉 차량 배터리를 인버터에 연결해 긴급 전원으로 사용하는 장면
© 3 idiots, Vinod Chopra Films

추가할 필요가 있다. 먼저 전기자동차에는 배터리에서 가정용 교류 전력을 발생시킬 수 있는 인버터가 장착되어야 한다. 인도 영화 '세 얼간이'를 보면 공학도인 주인공이 악천후로 인해 정전된 상황에서 자신이 제작한 인버터에 자동차 배터리를 여러 개 연결하여 진공청소기와 컴퓨터를 작동시킨다. 컴퓨터 화상 채팅으로 의료진의 도움을 받아 주인공이 아기의 머리를 진공청소기로 조심스럽게 잡아당겨 난산임에도 불구하고 성공적으로 출산을 돕는 경이로운 장면이 연출되었다. 이 영화 주인공은 12V 저전압 배터리로 220V 교류를 만든 것이고, 전기자동차에서는 400V 정도(차량마다 다름)의 고전압 배터리에서 220V 교류를 만든다는 차이가 있을 뿐이다. 인버터는 이미 시장에서 쉽게 구매할 수 있을 만큼 상용화, 대중화된 제품으로 가격도 그렇게 비싸지 않다. 심지어 SUV 차종을 중심으로 일반 가전제품을 사용할 수 있도록 인버터를 내장한 차량도 국내외에서 종종 출시되고 있다.

건물에 필요한 투자는 역송전이 가능한 전력량계(계량기)로 교체하는 것이다. 전기자동차에서 방전을 하게 되면 1차적으로 전기자동차 배터리에서 제공된 전력을 해당 건물에서 사용하고, 2차적으로 역송전 전력량계를 거쳐 전신주를 지나 이웃과 나누어 사용할 수 있게 된다. 이 전력량계의 가격은 5만 원 정도이며 풍력이나 태양광발전 등 신재생에너지 설비를 구축하는 경우에는 한국전력에서 무상 설치해준다. 전기자동차 방전의 경우에는 역송전 전력량계 설치비 지원 여부가 아직 정해지지 않았다. 이렇게 투자를 조금 늘리는 것만으로 전기자동차는 방전을 할 수 있게 된다. 지금처럼 우리가 화석연료와 원자력으로 발전하는 경우에는 전력 피크 상황을 제외하면 방전 기능은 큰 효용 가치를 가지지 않는다. 우리나라는 원자력 발전에서 나오는 기저발전량을 활용하기 위한 심야 전력 제도를 도입하였으나 현재는 폐지되었다. 이미 야간의 일상적인 전력 수요가 기저발전량을 초과하고 있어서 야간에도 남는 전력이 존재하지 않기 때문이다. 따라서 기존 발전체계를 유지하는 경우에는 야간에 전기자동차를 충전하더라도 화력발전을 추가로 더 해야 하며 단지 전체 발전용량에 여유가 있을 뿐이다. 하지만 신재생에너지 발전에 활용하면 날씨가 발전하기에 좋아 순간적으로 과잉 생산되는 전력을 전기자동차에 저장했다가 날씨 조건에 따라 부족해지는 전력을 전기자동차 배터리를 방전하여 전력을 보충하는 것이다.

신재생에너지 발전비중을 확대하고, 온실가스 방출을 최소화해야 하는 시대가 되었다. 신재생에너지 가운데 온실가스 저감에 가

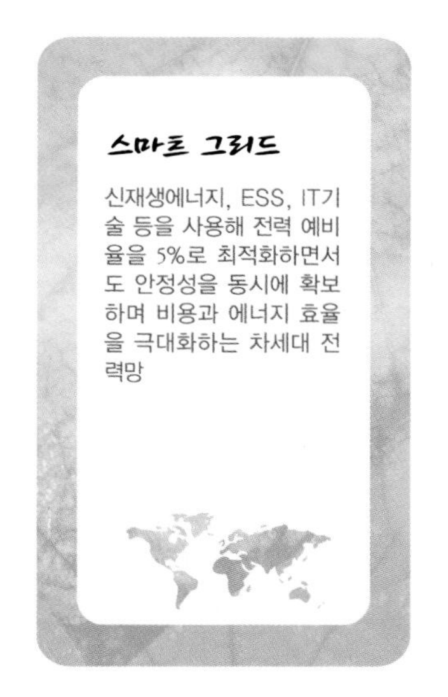

장 효과적인 풍력과 태양광은 발전량이 불규칙하기 때문에 이것만으로는 우리가 의지하고 사용할 전력 발전원으로 충분하지 못하다. (2012년 기준 풍력발전 설비용량 대비 실제 발전량은 21.6%[4]로 불규칙적으로 발전하는 특성을 가지고 있다.) 이 풍력, 태양광발전의 불규칙성을 보완하는 것이 바로 에너지저장장치 즉, ESS이다. ESS의 구성은 전기자동차에 장착된 배터리, 충전용 컨버터, 방전용 인버터와 동일하다. 신재생에너지 발전설비와 함께 설치해야 하는 소수의 대형 ESS를 다수의 전기자동차 배터리 대체하여 전력을 분산·저장하였다가 필요한 순간에 방전하면 투자비용을 절감하는 효과가 발생한다. 실제로 신재생에너지 발전에서 ESS 투자비는 가장 핵심적인 난제로 이미 공론화 되어있으며, 신재생에너지 발전의 경제성을 떨어뜨리는 가장 큰 원인 가운데 하나이다. 이런 ESS를 별도로 설치하지 않고 전기자동차로 치환시키는 것은 매우 합리적인 선택이며 신재생에너지 발전을 확대하는 데 큰 도움이 된다.

이런 개념은 이미 스마트 그리드라는 이름으로 수 년 전부터 알려져 왔으나, 전기자동차 충전인프라 구축에 워낙 많은 투자비가 지출되어야 하는 것으로 판단되었기에 투자비용을 아끼기 위해 충전

4 출처: 한국풍력산업협회

인프라의 수를 줄이는 방향으로 연구가 진행되었다. 충전인프라 구축에도 막대한 투자가 필요하기에 방전까지는 신경 쓸 겨를이 없었다. 전기자동차를 충전할 때를 제외하고는 대다수의 전기자동차가 주차 중일 때 가급적이면 전원 연결을 하지 않는 것으로 계획된 것이다. 전기자동차를 충전인프라에 연결할 경우에도 가능한 빨리 충전시키는 급속충전방식이 주안점이 되었다. 이런 까닭에 전기자동차 배터리를 이용해 ESS를 대체하는 것을 사실상 포기하는 회의적인 시각이 우위를 점해왔다. 하지만 충방전인프라 구축에 투자비가 거의 들지 않는 Geo-Line을 활용하여 전국적으로 치밀한 충전인프라를 구축한다면, 그동안 포기하다시피 했던 전기자동차가 가진 ESS로서의 잠재력을 적극 활용할 수 있다. 이와 같이 신재생에너지를 확대 보급하고 스마트 그리드를 성공적으로 구축하는 데에도 한 걸음 더 가볍게 나아갈 수 있다.

04 Geo-Line의 경제성

Geo-Line은 전기자동차 충방전을 위한 건물의 고정식 설비투자가 거의 필요 없을 정도로 최소화했다. 그 결과 확실하게 인프라 투자비 총액이 절감되는 것을 확인할 수 있었다. 하지만 기존 전기자동차에는 장착되지 않았던 계량장치와 과금장치 그리고 방전용 인버터까지 추가하게 되면 전기자동차의 가격이 상대적으로 많이 올라가지 않겠냐는 의문의 여지가 남아있다.

자동차 회사의 부품 구매 부서에서 근무했던 경험을 바탕으로 예상해 볼 때 부품제조사와 완성차제조사의 적정한 이익을 보장하더라도 Geo-Line에 의한 차량 가격 증가분은 200만 원 미만이다. 전기자동차 대수의 최소 2배수의 완속충전 시스템이 필요하다고 볼 때, 종래에는 1,800만 원 이상을 투자해야 한다. Geo-Line은 이것을 총액 기준으로 1/9 이하로 축소시켰다. Geo-Line을 통한다면 신재생에너지 발전을 위한 ESS 설치를 별도의 예산 투자 없이 국민들의 전기자동차를 빌려서 해결할 수 있다.

Geo-Line 관련 부품이 전기자동차에 추가 장착되었을 때 오히려 절약 가능한 정부 예산을 고려하면 국가적인 차원에서 전기자동차의 활용가치를 충분히 인정할 만하다. 그러므로 정부에서 부품 장착비용에 대해서 제한적으로 보조금 지급 등의 방법으로 지원해주는 것이 바람직하다고 생각한다. 달리 말하면 정부가 무상으로 보조금을 지급하는 것이 아니라 보조금에 상응하는 충분한 대가를 전기자동차 사용자로부터 얻는 것이다.

Geo-Line이 지향하는 가치는 바로 이것이다. 전기자동차와 신재생에너지 발전을 위해 필요한 정부의 공공 투자를 최소화하고, 국민은 전기자동차를 편리하고 경제적으로 사용할 수 있도록 하는 것이다. 그 결과 온실가스 배출이 줄어들고, 막대한 에너지 수입이 초래하는 무역수지 불균형을 바로잡을 수 있다. 그리고 이 모든 과정에서 새로운 산업이 형성되고 새로운 일자리가 만들어 지는 것이다.

Geo-Line 서비스는 우리나라의 여러 가지 자원의 활용을 극대화하여 하드웨어 투자를 최소화 할 수 있다. 반면에 여러 네트워크를 유기적으로 연결하고 생명력을 불어 넣어주는 주체가 필요하다. 이 책에서 "Geo-Line 서비스기업"이라고 부르는 관리 주체가 등장하는데 이는 하드웨어와 소프트웨어로 대변되는 전산 장비와 운영 프로그램을 포함하여 전기자동차 충방전 서비스가 원활하게 작동하도록 관리하고 전력망을 안정화 시키는 기업을 말한다. 이 기업은 공공 서비스를 제공하기 때문에, 민간기업 보다는 신설 공기업 또는 기존 공기업에 의해 운영되는 것이 타당하다고 생각한다. 이런 공기업의 경우에도 적절한 수익 구조를 갖는 것은 매우 중요하다. 이제부터 Geo-Line 서비스가 가지게 될 안정적인 사업성에 대해 살펴보겠다.

Geo-Line 서비스를 운영할 수 있으며 충방전인프라 투자를 지속적으로 확충할 수 있는 수익 구조는 이 그래프를 통해 설명할 수 있다. 전기자동차용 전력요금에 Geo-Line 서비스 수수료를 추가하여

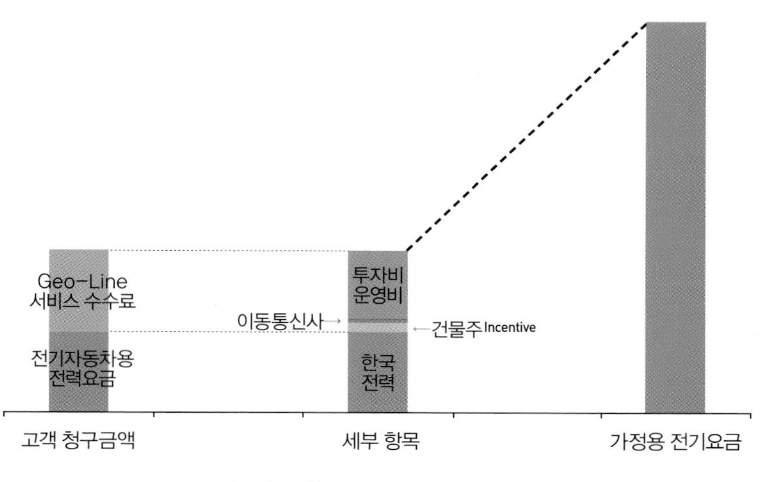

〈그림 5-8〉 Geo-Line 전력 요금 비교

전기자동차 차주에게 요금을 부과한다. 전기자동차 운전자 입장에서는 서비스 수수료가 부담이 될 수 있지만, 수수료가 추가되더라도 가정용 전기요금과 비교하면 매우 저렴하다. 이것의 타당성을 증명하기 위해 전원케이블로 가정용 콘센트에 직접 연결하는 방식을 살펴보기로 하자. 일반 가정의 월평균 소비전력량이 300㎾h라는 점을 감안하여 가정용 전기요금 누진제도를 적용하면 전기자동차로 인해 증가된 소비전력량에 대해서 매우 비싼 전기요금을 지불해야 한다. 다른 방법으로 공용 완속충전기를 사용하는 방법이 있을 테지만, 비싼 하드웨어 투자와 대기전력 소비, 설치 공간 등으로 인해 Geo-Line 서비스보다 낮은 요금 체계를 기대하기는 어렵다. 이런 이유로 Geo-Line 서비스는 전기자동차 차주에게 실질적으로 가장 경제적인 요금 체계라고 할 수 있다.

Geo-Line 서비스기업의 매출 원가는 크게 4가지로 구성된다. 한국전력에는 전력 대금을 지급하고, 충전할 수 있도록 건물의 콘센트와 전력 시설을 공유해준 건물주에게는 일정한 인센티브를 제공하며, 무선데이터 망을 제공한 이동통신사에는 통신요금을 지급하고 그 나머지를 Geo-Line 서비스기업의 투자·운영비로 사용한다. 다시 이 투자·운영비는 전원콘센트를 설치하는 비용과 전력망 용량을 증대하는 비용, 역송전 전력량계 교체비용 등 최소한의 시설비용 투자와 기업을 설립하고 전산 서버를 설치, 관리하는 비용과 임금, 연구비 등 운영에 사용된다.

아이러니하게도 실제 투자·운영비 가운데 가장 큰 비중을 차지하게 되는 것은 급속충전기를 설치하는 비용이다. Geo-Line도 완속충전이라는 한계를 벗어나지는 못하는데, 장거리, 장시간 주행을 하려면 급속충전기가 필수적이기 때문이다. 이 급속충전기를 설치하는 비용도 큰 부담인데 이 때 필요한 재원도 Geo-Line 서비스기업에서 충당할 수 있다. 이렇게 Geo-Line을 통해 빈틈없는 전기자동차 충방전인프라를 구축할 수 있으면서 정부의 부담도 함께 줄일 수 있다.

05 Geo-Line의 특징

Geo-Line은 특정 집단에 이익이 집중되지 않으며 국가와 국민 모두에게 도움이 되고, 운영 주체로 예상되는 공기업도 흑자 운영할 수 있는 자생력을 가지게 함으로써 다시 국가의 지원 부담을 더는 선순환 구조를 가지고 있다. 이 모든 것이 가능한 이유는 기존 인프라를 최대한 활용하여 투자를 최소화할 수 있기 때문이다. Geo-Line을 적용하면 정부를 비롯한 공공부문의 초기 투자비용 부담을 기존 방식들에 비해 깜짝 놀랄 만큼 절약할 수 있다.

다른 충전방식과 마찬가지로 Geo-Line도 분명한 한계를 가지고 있다. 아무리 다양한 대책을 세우더라도 전력도난을 완전히 막을 수는 없다고 생각한다. 그래서 이를 슬기로운 해법을 통해 해결해야 한다. 기술적인 한계를 인간적인 해법으로 해결하고자 한다. 먼저 평소에 건물주에게 인센티브를 제공할 필요가 있다. 이는 콘센트 공유에 대한 보답일 뿐만 아니라 소량의 전력도난에 대한 피해를 미리 보상하는 효과가 있기 때문이다. 그리고 상당량의 전력도난이 발생하는 경우에는 Geo-Line 서비스기업에서 적절한 심사를 거쳐 충분히 보상해주어야 한다. 기술의 한계를 사람으로 보완하는 방법이며 이런 점이 오히려 고용을 확대하는 효과가 있을 것이다. Geo-Line은 이런 측면에서 볼 때 약점이 많이 있다. 달리 생각하면 고용을 증대시켜 약점을 보완하는 편이 기계적인 자동화를 하는 것보다 정부 예산 지출을 현저하게 절약할 수 있는 장점을 가지고 있다. 100%가 아닌 99.9%의 완성도를 추구하고 부족한 것은 사람 사이에서 풀어나가야 한다고 생각한다. 물론, 이런 내용을 비롯해서 이 책에서 저술하고 있는 내용은 저자를 대표로 하는 전기자동차 인프라 네트워크 연구소의 견해를 밝힌 것으로 각 사안에 대한 대응책은 상용화 과정에서 얼마든지 변경할 수 있으며, 많은 분들의 소중한 의견을 반영하여 결정하는 것이 마땅하다.

Geo-Line은 우리나라를 세계 1위의 초고속 인터넷 강국으로 성장시킨 ADSL(Asymmetric Digital Subscriber Line) 서비스와 닮아있다. ADSL은 기존 전화선을 이용해 전화국에서 반경 2㎞ 까지만 사용할 수 있는데, 우리나라의 좁은 국토와 높은 인구밀도라는 지리적 환경과 각 가정마다 잘 보급되어 있는 기존의 전화망을 최대한 활용하여 보급률을 끌어올릴 수 있었다. 그 결과 세계 제일의 초고속 인터넷 보급 국가가 되었고, IT 기술 발전을 이끄는 파급 효과까지 얻을 수 있었다. Geo-Line도 기존 자원을 최대한 활용하고, 아파트와 빌딩 등 대형 건물이 많은 지리적 환경을 응용하면 뜻밖의 좋은 결과를 얻을 수 있다.

지금 우리는 ADSL을 넘어서는 광케이블 방식의 FTTH(Fiber To The Home)를 사용하여 ADSL보다 혁신적으로 빠른 인터넷을 사용하고 있다. 과거 일본에서는 ADSL을 징검다리 기술로 생각하여 투자하지 않았으며 우리가 ADSL을 보급할 때, 느린 속도로 FTTH를 보급했다. 그 결과 일본의 고속인터넷 대중화 속도가 우리보다 느렸다. 우리는 시간을 두고 다음 단계 기술인 FTTH로 전환했음에도 불구하고 일본보다 더 빠른 인터넷 속도와 더 높은 인터넷 보급률을 갖게 되었다.

이 밖에도 징검다리 기술을 이용하여 성공한 사례로는 하이브리드 자동차가 있다. 전기자동차의 개념은 훌륭하지만, 충전인프라 문제와 대형 배터리의 높은 가격이라는 단점을 극복하기 위해 개발된 전기자동차와 내연기관 자동차의 적절한 버무림이 하이브리드 자동차이다. 하이브리드 자동차의 선도 기업 도요타는 하이브리드 자동차를 통해 친환경 기술의 선구자라는 이미지를 갖게 되었을 뿐 아니라, 하이브리드 자동차 시장의 강자로 자리매김하며 많은 수익을 창출하고 있다. 그리고 도요타는 전기자동차에 필요한 기술과 부품까지 확보할 수 있게 되었다. Geo-Line도 징검다리 기술에 불과할 수 있다. 하지만 징검다리 기술이 없다면 더 새로운 기술과 시장은 예비되지 않기 때문에 징검다리 기술의 가치는 이미 충분하다.

CHAPTER 06

Geo-Line 참여개체 분석

Geo-Line은 여러 Network를 공유해야 하기 때문에
기존 Network를 가지고 있는 기업이나 단체,
개인의 협력이 필수적이다.
이 협력적인 Network의 개체들은
각각 전기자동차, Geo-Line 서비스기업, 한국전력,
전기자동차 차주, 건물주로 나뉘게 된다.

Geo-Line은 여러 개체가 전력 중개에 함께 참여해야 한다. 앞서 여러 번 설명한 것처럼 Geo-Line은 여러 Network를 공유해야 하기 때문에 기존 Network를 가지고 있는 기업이나 단체, 개인의 협력이 필수적이다. 이 협력적인 Network의 개체들은 각각 전기자동차, Geo-Line 서비스기업, 한국전력, 전기자동차 차주, 건물주로 나뉘게 된다. 여기에서는 이 5개 개체가 각각 어떤 역할을 하며 상호 협력관계를 가지고 있는 지 설명하고자 한다.

01 전기자동차

전기자동차로 Geo-Line을 사용하기 위해서는 크게 위치 측정부, 제어부, 전력량계·충전용 컨버터·방전용 인버터 통합 모듈, 무선통신부의 네 가지 기능 부품이 필요하다. Geo-Line 전기자동차의 각 부품별 기능과 용도를 분석하는 방법을 통해 전기자동차의 역할을 규정하고자 한다.

먼저 Geo-Line 전기자동차의 위치 측정부를 살펴보자. 전기자동차에서 Geo-Line을 사용하기 위해서는 정확한 위치와 시간정보를 확보하는 것이 무엇보다 중요하다. 다음과 같은 방법을 중복 적용하여 최대한 정밀한 위치를 파악할 수 있다. Geo-Line에서는 크게 간접 위치(좌표) 측정방법과 직접 위치 측정(ID 검출)방법으로 나누어 사용한다. 간접 위치 측정 방식은 기본적으로 GNSS(Global Navigation Satellite System, 위성 측위 시스템)가운데 가장 대표적인 GPS(Global Positioning System, 미국의 위성 측위 시스템)를 사용해 위성 기반 위치를 측정하고 이보다 신규 시스템으로 정밀도가 향상된 GLONASS(GLObal NAvigation Satellite System, 러시아의 위성 측위 시스템) 등으로 중복 측정한 뒤 교차 확인하여 좀 더 정밀한 위성 기반 위치 좌표를 측정할 수 있다.

그리고 LPS (Local Positioning System)를 사용하여 무선통신 기지국이나 지상파 방송 기지국, Wi-Fi 송신기 등 지상에 고정된 전파 송신기의 위상차를 측정하여 위성 기반 위치 좌표 정보의 정밀도를

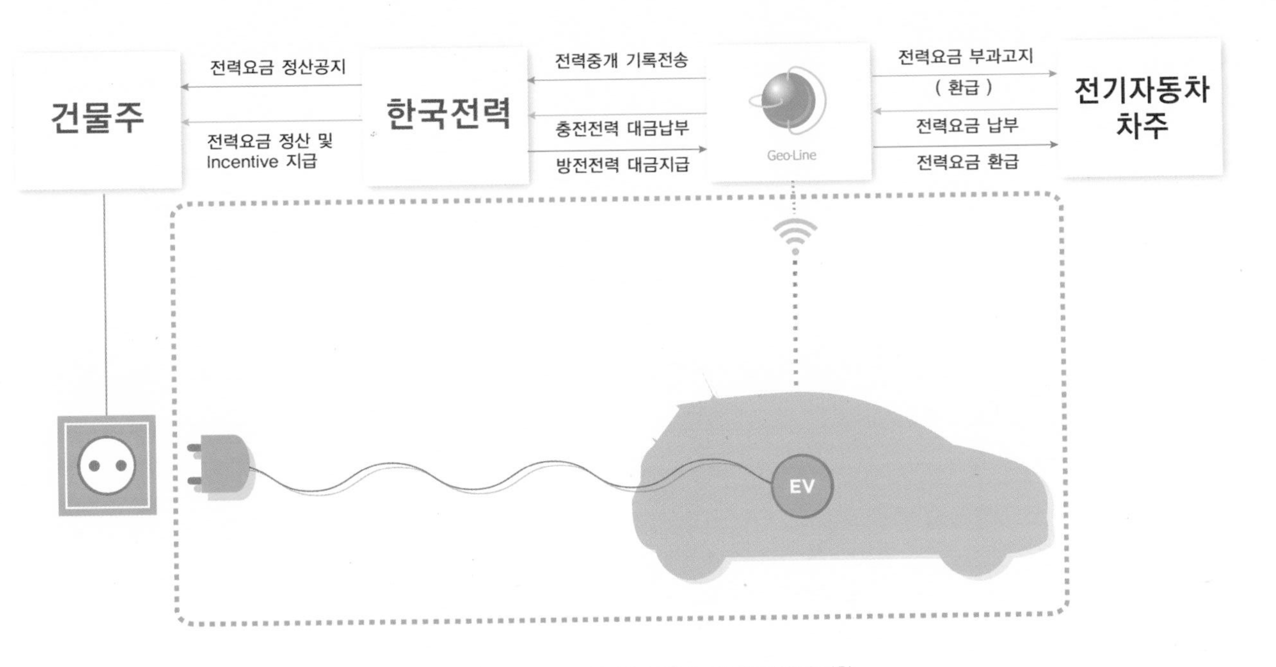

〈그림 6-1〉 Geo-Line 서비스 작동도: 전기자동차의 역할

향상시키거나 위성 신호가 수신되지 않은 조건에서도 위치를 파악할 수 있다. 이와 함께 지구상의 위치에 따라 달라지는 지구 자기장을 측정하는 지자기센서나 차량의 움직임을 측정하는 가속도센서를 이용해 정밀도를 더욱 향상시킬 수 있다. 이렇게 측정한 위치 좌표 정보의 오차범위는 불과 몇 미터 미만으로 정밀도가 매우 높다. 이 간접 위치 좌표 정보만으로도 아파트, 빌딩, 쇼핑몰 등 대형 건물에서 사용하기에는 충분한 정밀도를 얻을 수 있다. 해당 건물의 정확한 콘센트 위치를 파악하지는 못하지만, 해당 콘센트가 설치된 주차장의 전력량계는 정확하게 파악할 수 있기 때문이다. 하지만 우리나라 대도시에는 다세대 밀집 지역 등 소형 건물도 많이 있기 때문에 전력량계를 파악하는 것과는 다른 차원으로 전원콘센트를 정확하게 확인할 수도 있어야 한다. 주차된 전기자동차의 위치를 아무리 정확하게 측정하더라도 전원 케이블을 연결할 때 케이블 길이만큼 다시 오차가 발생할 수 있기 때문에 어떤 콘센트를 사용하는지 확인하는 데에는 한계가 있어 소형 건물에는 적합하지 않기 때문이다.

직접 위치 측정은 바로 이 점을 보완하기 위해 필요하다. 전원콘센트에 ID를 부여하고 전기자동차 충방전 플러그에 ID리더를 내장시키면, 전기자동차에서 ID를 읽을 수 있어 정확하게 콘센트의 위치 정보를 얻을 수 있다. 전원콘센트에 ID를 부여하려면 NFC나 RFID칩을 삽입하기만 하면 된다. 그 비용은 말 그대로 껌 값보다 저렴하다. 하지만 이런 ID 검출 방식만을 통해 직접 위치 정보를

얻는 경우에는 다음과 같은 맹점이 있다. ID가 내장된 콘센트를 분리하여 휴대한 뒤 다른 콘센트에 연결하면 Geo-Line 전력 중개시스템을 교란해 선의의 피해자를 만들 수 있기 때문이다. 따라서 간접 위치 측정 방식과 직접 위치 측정 방식을 함께 사용해 간접 위치 측정 좌표의 오차와 직접 위치 측정 ID 정보가 서로 부합하는지 검증해야 한다. 정확한 위치를 검증하는 것이야 말로 Geo-Line을 믿고 사용할 수 있는 핵심 요소이다.

여기에서 언급한 다양한 간접 위치 측정 기술은 이미 스마트폰에서 일상적으로 사용되고 있다. Geo-Line을 처음 생각했을 때에는 스마트폰에서 사용하는 고정밀 위치 측정 방식을 고려하지 않고 단지 GPS 위성 정보에만 의존하여 지하 주차장 입구 등에서 GPS 신호가 끊기는 곳의 위치 정보를 얻는 방식으로 어느 건물의 전력을 사용하는 것인지 확인하는 방법으로 구상하였다. 이 방법은 앞에서 설명한 방법보다 정밀도가 높지는 않지만 초기 시험용 모델 등에는 사용할 수 있는 방법이라고 생각한다. 하지만 상업용 서비스를 할 수 있을 정도의 완성도를 얻기 위해서는 최신 스마트폰에 적용된 기술의 도움을 받아야 한다. 우리가 스마트폰 지도 앱으로 현재 위치를 파악하는 순간에도 무선데이터를 사용하는 것은 LPS를 통해 위치정보를 아주 정밀하게 보정하고 있기 때문이다. 전원콘센트

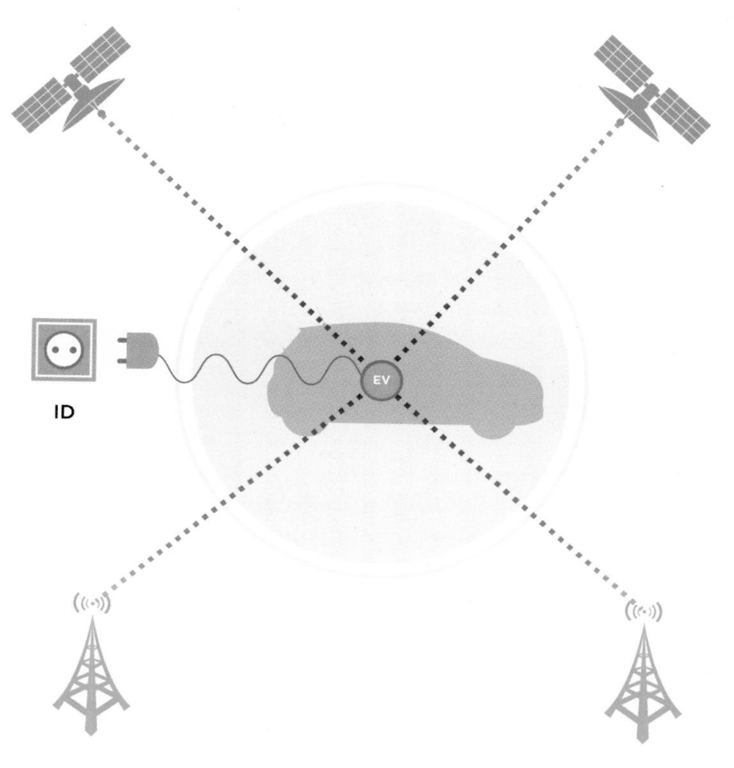

〈그림 6-2〉 전기자동차의 간접 위치 측정(좌표 측정)과 직접 위치 측정(ID 검출)

에 ID를 부여하고 ID를 검출하는 방식도 NFC나 RFID를 사용해야 하는데 그 중 NFC는 최신 스마트폰에도 적용된 ID 검출 기술이다. 이렇듯 스마트폰이 폭발적인 인기로 대중화에 성공하면서 다양한 첨단 기술이 주변으로 확산, 전파하는 데에 기여한 바가 크며 Geo-Line에도 매우 긍정적인 영향을 미쳤다.

다음으로는 Geo-Line 전기자동차의 제어부를 설명하겠다. 전기자동차 내부에서 배터리 사용을 관장하는 BMS(Battery Management

System)라는 장치가 있다. 차량용 Geo-Line 모듈의 제어부는 이 BMS에 명령을 내려 충전과 방전을 각각 명령할 수 있고 BMS로부터 배터리 충전잔량 상태 정보를 얻을 수 있다. 이렇게 수집된 배터리 충전잔량 정보는 Geo-Line 서비스기업에 무선 통신을 통해 전송되어 ESS의 역할을 수행하는 데에 사용되도록 한다. 차량 내부의 전력량계로부터는 충방전 전력량 정보를 얻는다. 충방전 전력량 정보는 위치 정보나 시간 정보와 함께 Geo-Line 서비스 요금을 과금하는 데에 사용되며 정보의 검증을 위해 차량 적산 주행거리 정보를 활용할 수 있다. 적산 주행거리 정보는 차량의 트립 컴퓨터 등에서 손쉽게 얻을 수 있다. 또한 차량 내외부용 디스플레이에는 전기자동차의 차량 상태를 표시할 수 있는 정보를 제공하여 운전자와 차량 외부에 있는 사람들에게 Geo-Line을 사용하여 정상 승인된 전기자동차의 상태를 확인 할 수 있도록 한다.

위치 정보와 배터리 충전잔량 정보를 이용하면 다음 서비스도 가능해진다. 평소 주로 충전하는 집이나 회사가 아닌 원거리 위치로 전기자동차가 이동하면 ESS 기능을 정지시키고 배터리를 최대한 충전해 전기자동차 사용자가 지체 없이 장거리 이동을 할 수 있도록 대비한다. 평소에는 ESS 기능에 충실하여 경제성을 확보하고 장거리 이동에는 자동적으로 배터리 충전량을 극대화하여 전기자동차 사용자의 편의성을 높이는 것이다. 이는 소프트웨어 기반의 유연한 서비스 혜택으로 스마트폰을 사용하면서 비약적으로 발전한 다양한 부가서비스의 모습과 닮았다.

또한 전기자동차를 사용하며 누적 측정된 정보는 다음과 같이 ESS 서비스에 활용할 수 있다. 누구든지 전기자동차를 처음 사용하게 되면 내연기관 차량 대비 최대 주행거리가 짧은 것이 스트레스가 될 수 있다. 기존 내연기관 차량에서 주유경고등이 들어와 있을 때와 같은 심정일 것이다. 그러나 일정 기간 사용하게 되면 일상적인 주행에서 전기자동차가 불편하지 않다는 것과 전체 배터리 용량 가운데 일부만 사용하고 있다는 것을 알 수 있게 된다. 이렇게 전기자동차에 대한 적응 시간은 사람마다 차이가 있을 테지만 이미 많은 분들이 스마트폰에서 비슷한 경험을 했기 때문에 스마트폰 보다 빠른 속도로 익숙해질 것이다. 이렇게 되면 전기자동차 차주는 전기자동차의 배터리 여분을 활용할 수도 있다는 생각을 하게 된다. Geo-Line 전기자동차 사용자의 자발적인 ESS 서비스 가입이 가능해 지는 것이다. Geo-Line 서비스기업에서는 ESS용 통계 분석 프로그램을 개발하여 전기자동차 차주의 평소 주행거리 패턴을 분석할 필요가 있다. 이 주행 패턴 분석 결과를 가지고 전기자동차 차주와 개별 전화 상담을 통해 최적의 ESS 서비스 프로그램을 선택할 수 있도록 해야 하기 때문이다. 이렇게 하기 위해서는 Geo-Line에 가입된 전기자동차의 배터리 충전잔량 정보와 평균 이동 거리 등을 실시간으로 모니터링 할 필요가 있다. 그리고 갑자기 장거리 이동이 필요한 경우에는 ESS로 방전하면서 제공한 전력량만큼 급속충전 할인제도를 시행한다면 전기자동차를 사용하는 고객의 대다수가 ESS 서비스에 참여할 것이다.

전기자동차로 ESS 서비스에 가입하면 저렴하게 충전한 전력을 방전할 때는 비싸게 판매할 수 있기 때문에 전기자동차 차주는 금전적인 이익을 거두게 된다. 정부 측에서는 국가 전력망을 저렴한 투자비용으로 신재생에너지로 대체하는 동시에 전력망의 안정화 비용의 상당부분을 지출하지 않게 되는 효과를 얻을 수 있다. 우리는 주택가에서 며칠씩 움직이지 않고 종일 주차된 차량을 볼 수 있는데 종일 주차된 전기자동차로 ESS 서비스에 가입하면 전기자동차가 돈을 벌어다 주는 기특한 효자 노릇을 하게 되는 것이다. 그리고 전기자동차 배터리를 ESS로 사용할 때에는 전체 배터리 용량의 60% 또는 그 보다 작은 몫을 전기자동차 사용자 패턴에 따라 설정하는 편이 합리적이라고 생각한다. 2장에서 밝힌 것처럼 전기자동차가 아무리 좋다 하더라도 일순간에 모든 차량 수요를 전기자동차로 전환되지는 않는다. 주행거리가 긴 택시 등의 상업용도에는 당분간 적용하기 힘들 것이며 주로 출퇴근에 이용하는 차량이나 주행거리가 비교적 짧은 차량이 우선적으로 전기자동차로 바뀔 가능성이 크다. 따라서 모든 자동차의 사용 패턴이 아닌 전기자동차 구매자의 사용 패턴을 기준으로 보면 충분히 ESS 역할을 수행할 수 있다는 확신을 갖게 한다.

외계 지적 생물체 탐사 프로젝트(Search for Extraterrestrial Intelligence)는 외계로부터 지구에 들어오는 전파를 분석하여 자연적으로 발생한 전파인지 지적 생물체가 만들어 낸 인공적인 전파인지를 구분하는 프로젝트이다. 이 프로젝트는 방대한 전파 데이터를 분석해

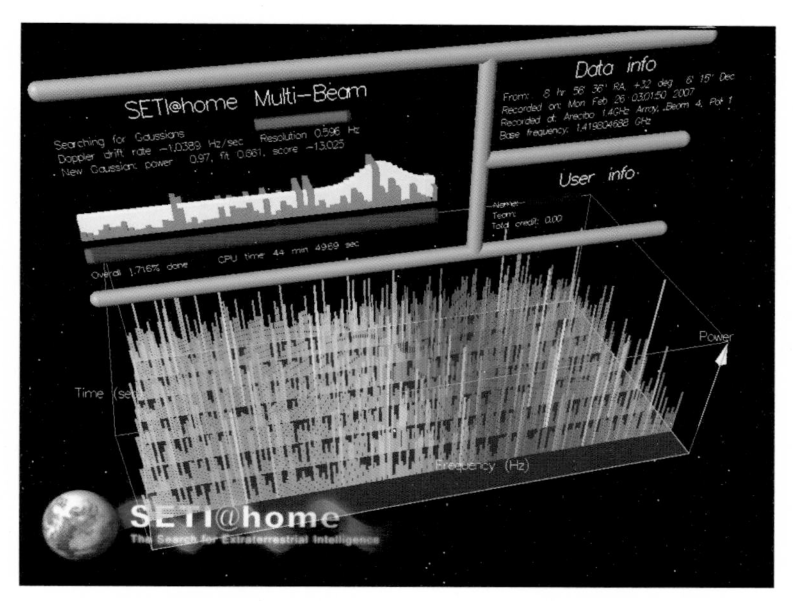

〈그림 6-3〉 SETI@home 동작 화면: 분산 컴퓨팅으로 슈퍼컴퓨터를 대체한 대표적 사례

야 하기 때문에 엄청난 성능의 수퍼 컴퓨터가 필요했다. 하지만 뚜렷한 성과를 내지 못하자 미국 정부의 재정 지원이 중단되었다. 이를 극복하고자 연구진들을 SETI@home이라는 개인용 컴퓨터에서 전파 데이터 분석을 분산 처리할 수 있는 프로그램을 배포하였고, 현재 230만 대 이상의 개인용 컴퓨터가 이 프로젝트에 참여하고 있다. 수많은 개인이 자발적으로 참여해서 개인용 컴퓨터의 화면 보호기 상태를 활용하는 것만으로도 어느 누구도 소유할 수 없고 전례가 없는 세계 최고의 수퍼 컴퓨터 역할을 훌륭하게 수행하고 있는 것이다 (SETI@home은 세계 최고의 연산능력으로 기네스북에도 등재되

었다). 막대한 비용을 들여 수퍼 컴퓨터를 사용하는 것과 적은 비용이지만 수많은 개인용 컴퓨터로 분산 컴퓨팅을 하는 것을 비교했을 때 분산 컴퓨팅이 압승을 거두고 있다. Geo-Line 전기자동차의 이동식 분산형 ESS 기능도 SETI@home과 동일한 성과를 낼 것이라는 데에는 의심의 여지가 없다.

세 번째로는 Geo-Line 전기자동차의 전력량계·충전용 컨버터·방전용 인버터 통합 모듈에 관한 설명이다. Geo-Line이 장착된 전기자동차에는 기존 전기자동차와는 달리 전력량계와 방전용 인버터가 필요하다. 그리고 기존 전기자동차와 마찬가지로 충전용 컨버터도 장착되어야 한다. 전력량계는 기본적으로 역송전이 가능해야 하므로 충전용 컨버터, 방전용 인버터와 연결되어 충방전에 사용한 각각의 전력량을 측정한다. 전력량계에서 얻어진 충전 전력량과 방전 전력량은 제어부로 보내진다. 충전용 컨버터는 건물 콘센트의 220V 교류 전원을 전기자동차 배터리를 충전할 수 있도록 400V 안팎의 직류 전류로 전환하는 장치이다. 휴대폰 충전기나 노트북 어댑터 등도 전압과 전류의 크기가 다를 뿐 같은 장치이다. 휴대폰 충전기와 차이점은 전기자동차 내부에 장착되어 있다는 것뿐이다. 방전용 인버터는 5장 (3)절에서 설명한 것처럼, 전기자동차 배터리에서 역으로 220V 교류 전류를 만들어 건물에 공급해 주는 장치이다. 2013년 현재 누구나 태양 전지와 연결된 인버터를 통해 가정용 전력을 생산할 수 있는 것과 같다. 이 세 장치는 기능적으로 상호 의존적이며 최대한 가깝게 설치하는 것이 에너지 효율 측면에서도 유리하다. 따라서 이들을 하나의 모듈로 통합하는 것은 당연한 이치이다. 이렇게 전력량계·충전용 컨버터·방전용 인버터 통합 모듈을 통해 경제성과 효율성을 모두 만족시킬 수 있다.

마지막으로 Geo-Line 전기자동차의 무선통신부를 분석하겠다. Geo-Line 제어부를 통해 얻어진 위치 및 시간 정보, 충방전량 정보, 배터리 잔량정보, 적산 주행 거리 정보 등은 무선통신을 이용해 Geo-Line 서비스기업으로 전송되어야 한다. 따라서 휴대전화 등과 같은 이동통신망을 이용할 수도 있고, Wi-Fi나 WiBro같은 무선데이터 통신망을 이용할 수도 있을 것이다. Geo-Line을 사용하는 과정에서 얻어진 정보는 개인정보를 상당히 많이 담고 있어 엄격하게 보호되어야 하기에 암호화가 필요하고 해킹에 대비해야 할 필요가 있다. 따라서 앞으로 보급 가능성이 있는 수퍼 Wi-Fi 같은 개방형 무선망을 사용하기 보다는 기존 이동통신사의 3G, 4G망을 활용하는 편이 보안에 유리하다고 판단된다. 현재 우리나라의 이동통신망은 음영지역이 거의 없고, 지하주차장에서도 잘 연결되고 있기 때문에 신뢰도 또한 높다. 만일 전기자동차 충전위치가 음영지역으로 나타나면 이동통신사와 연계하여 음영지역 해소 조치를 하도록 해야 한다.

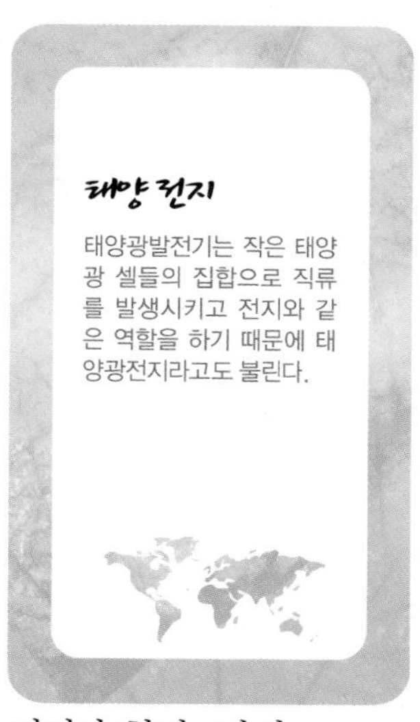
태양 전지

태양광발전기는 작은 태양광 셀들의 집합으로 직류를 발생시키고 전지와 같은 역할을 하기 때문에 태양전지라고도 불린다.

로그

정보화 장비 및 네트워크 운영 과정에서 발생하는 모든 내용들이 발생 시간 등과 함께 기록된 자료를 말하여 시스템 운영 내용이 기록된 '시스템 로그'와 활동 내용이 선택적으로 기록되는 '사용자 로그'로 구분된다.

무선통신에는 항상 변수가 작용할 수 있는 여지가 있기 때문에 무선으로 전송된 모든 정보에 대해서 검증할 수 있는 방안이 필요하다. 그래서 전기자동차 충방전 이벤트 로그 검증은 전기자동차의 실시간 충방전 이벤트 로그를 수신한 다음 차량을 정상적으로 주행하는 순간에 지난 연결 동안의 충방전 이벤트 로그를 재수신하여 검증하는 방법을 사용하는 것이 바람직하다. 왜냐하면 주차된 전기자동차는 전체 주차시간 동안에 이동통신망에 완전하게 연결되어 있지 않을 수 있으므로 지상에서 주행하는 동안 충방전 이벤트 로그 정보를 재송신하게 되면 오류의 가능성을 줄이고 신뢰도를 향상시킬 수 있다.

02 Geo-Line 서비스기업

Geo-Line 서비스기업은 Geo-Line 서비스에 가입된 전기자동차가 자유롭게 충방전 할 수 있도록 돕고 그 전력대금을 정확하게 결제할 수 있도록 하는 것이 주된 역할이다. 기본적으로 Geo-Line 서비스기업은 전기자동차로부터 전송된 위치, 시간, 충방전량, 배터리 잔량, 적산 주행거리 등의 정보를 보유하게 된다. 이 때 전기자동차에서 전송된 좌표 정보는 지리정보시스템(Geographic Information System)으로 가공하여 개별 건물 정보를 취득한다. 전기자동차로부터 얻은 콘센트 ID정보는 한국전력 Database와 공유해 한국전력에 가입된 개별 건물의 전력량계 정보로 전환된다. Geo-Line 서비스기업은 이 두 가지 정보 사이에 문제가 없는지 검증하여 전력 중개 신뢰도를 향상시킨다. 추가적으로 전기자동차 배터리가 ESS 역할을 할 수 있도록 충전 및 방전 신호를 개별 전기자동차로 송신한다. 이 때 ESS 서비스와 관련하여 앞 절에서 설명한 방법에 따라 사전에 전기자동차 차주와 계약을 맺을 필요가 있다.

Geo-Line 서비스기업은 전기자동차와의 관계와 더불어 한국전력이나 전기자동차 차주와의 관계가 다음과 같이 형성된다. 먼저 한국전력에는 충전 장소를 제공한 건물의 전력량계 정보와 충방전량 정보(전력 중개 내역)를 제공한다. 이와 동시에 전기자동차용 충전 전력대금을 한국전력에 지급하며 한국전력에서 건물주에게 제공할 인센티브를 함께 지급한다. ESS기능을 사용하며 방전한 전력에 대

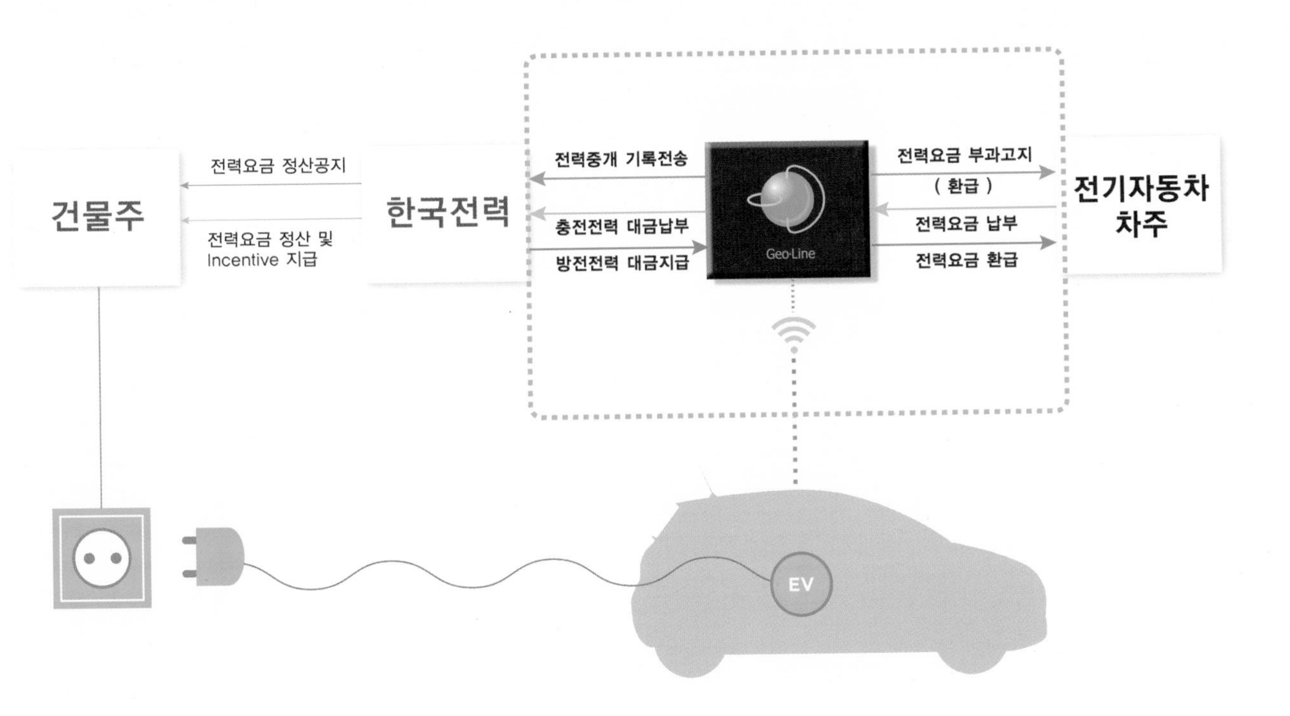

〈그림 6-4〉 Geo-Line 서비스 작동도: Geo-Line 서비스기업의 역할

해서는 Geo-Line 서비스기업이 한국전력으로부터 방전 전력대금을 받는다. 이로써 Geo-Line 서비스기업은 한국전력과 정보 공유 및 전력대금 정산을 마무리한다. 여기에서도 무엇보다 전력 중개 내역의 정확도가 가장 중요하다.

Geo-Line 서비스기업은 전기자동차 차주와도 요금 문제를 깔끔하게 처리해야 한다. 먼저 전력요금에 대해 부과 또는 환급 고지를 해야 한다. 매달 충전에 사용한 전력대금에서 방전에서 발생한 전력대금을 제외한 나머지를 고지하여 전기자동차 차주가 정확한 전력요금을 납부할 수 있도록 한다. 드물겠지만 전기자동차의 월간 주행거리가 매우 짧아서 방전 이 충전 전력대금을 초과하는 경우에는 Geo-Line 서비스기업에서 전기자동차 차주의 은행계좌로 해당 금액을 입금한다.

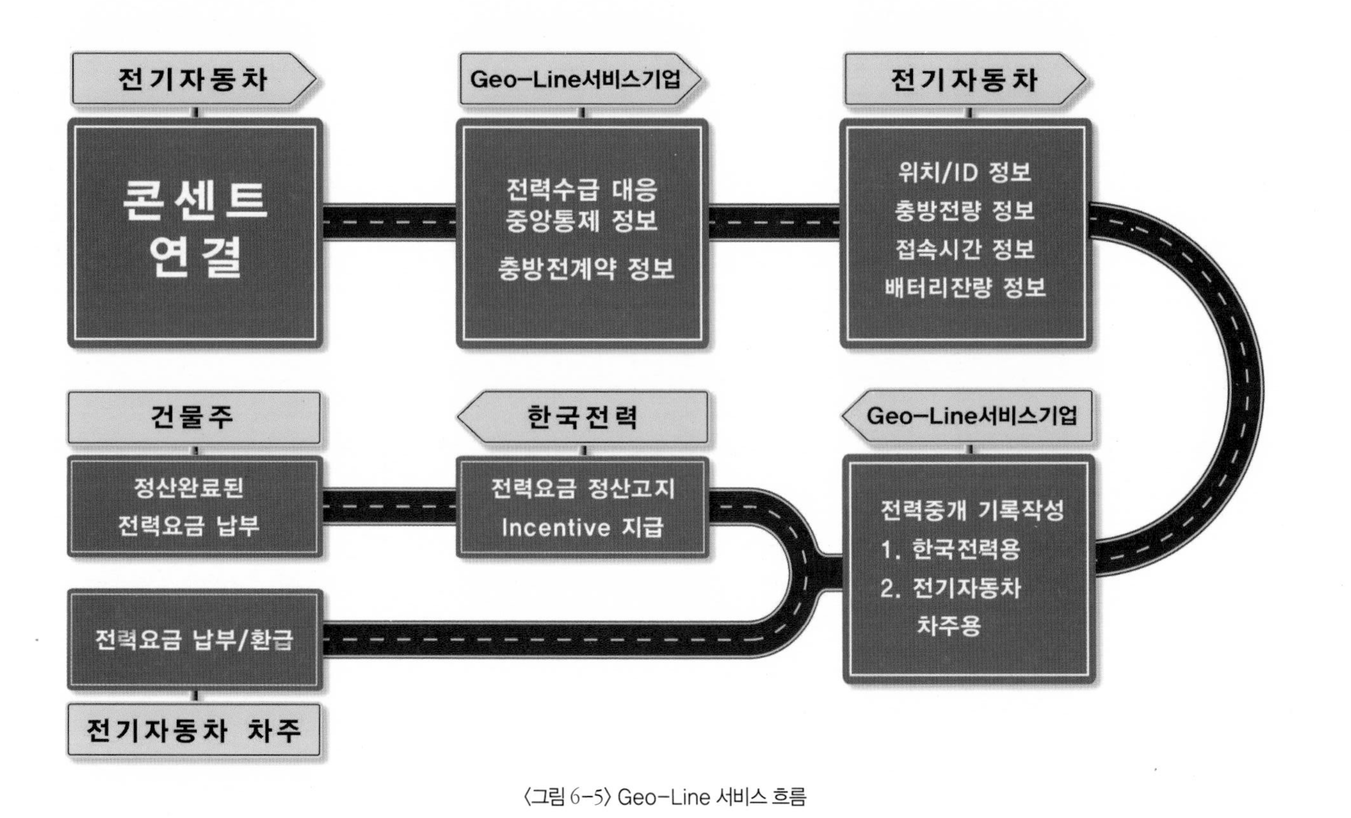

〈그림 6-5〉 Geo-Line 서비스 흐름

Geo-Line 서비스 흐름은 왼쪽의 그림과 같다. 그림 5-5에서는 Geo-Line의 기본 작동 원리를 설명했다면, 그림 6-5는 각 단계별로 참여개체가 제공하는 정보의 흐름에 대해 설명하고 있다. Geo-Line 서비스기업은 그림과 같이 전기자동차로부터 모든 정보를 전달받으며 전기자동차가 전력 수급 상황이나 ESS 충방전 서비스에 적절히 대응할 수 있도록 명령을 내린다. 그리고 전기자동차와 한국전력, 전기자동차 차주 가운데에서 전력을 중개하여 모든 개체가 합리적인 전력 거래를 할 수 있도록 한다.

그리고 Geo-Line 서비스기업은 Geo-Line 서비스를 위해 검증된 콘센트를 설치하고 전력망의 용량을 증설하고 전력량계를 역송전이 가능한 대용량 모델로 교체하는 투자를 전기자동차의 증가 속도에 맞춰 지속적으로 시행해야 한다. 장거리 주행을 위한 급속충전기도 전기자동차 사용자의 편의를 위해 전국적으로 일정 비율 이상 설치해야 할 책임도 있다. Geo-Line 서비스를 성공적으로 안착시키려면 많은 사람들이 이용하는 대형 건물에 우선적으로 보급해야 한다. 공공 이용도가 높은 대형 건물에 대해서는 적절한 법규를 마련해 의무적으로 설치하도록 해야 한다. 이에 앞서 Geo-Line 도입이 모두에게 유익하다는 점을 건물주를 비롯한 시민들과 얼굴을 맞대고 알리고 홍보하는 기회를 많이 가져야 할 것이다.

03 한국전력

다음으로 한국전력의 역할에 대해 살펴본다. Geo-Line 전력 중개 서비스가 정상적으로 시행되려면 한국전력의 전폭적인 협조와 지원이 필수적이다. 한국전력이 오랜 시간 동안 막대한 투자를 통해 구축한 전력망을 기반으로 해야만 Geo-Line 전력 중개 서비스가 가능하기 때문이다. Geo-Line서비스를 시행하기 위해서 한국전력은 Geo-Line 서비스기업으로부터 받은 전력 중개 내역을 검증하여 Geo-Line 서비스기업과 정확한 전력대금 결제가 이뤄지도록 한다. 한국전력이 전력 중개 내역을 신뢰할 수 있도록 하기 위해서는 Geo-Line 서비스기업의 운영에 대해 한국전력이 인증할 필요가 있고 수시로 감사할 수 있어야 한다. 그리고 한국전력은 건물주에게 전력 요금을 청구할 때 건물에 설치된 전력량계의 전력 사용량을 그대로 청구하는 것이 아니라 전력 중개 내역을 바탕으로 정산하여 고지해야 한다. 이 과정에서 Geo-Line 서비스기업에서 건물주에게 제공한 인센티브를 함께 정산하도록 한다.

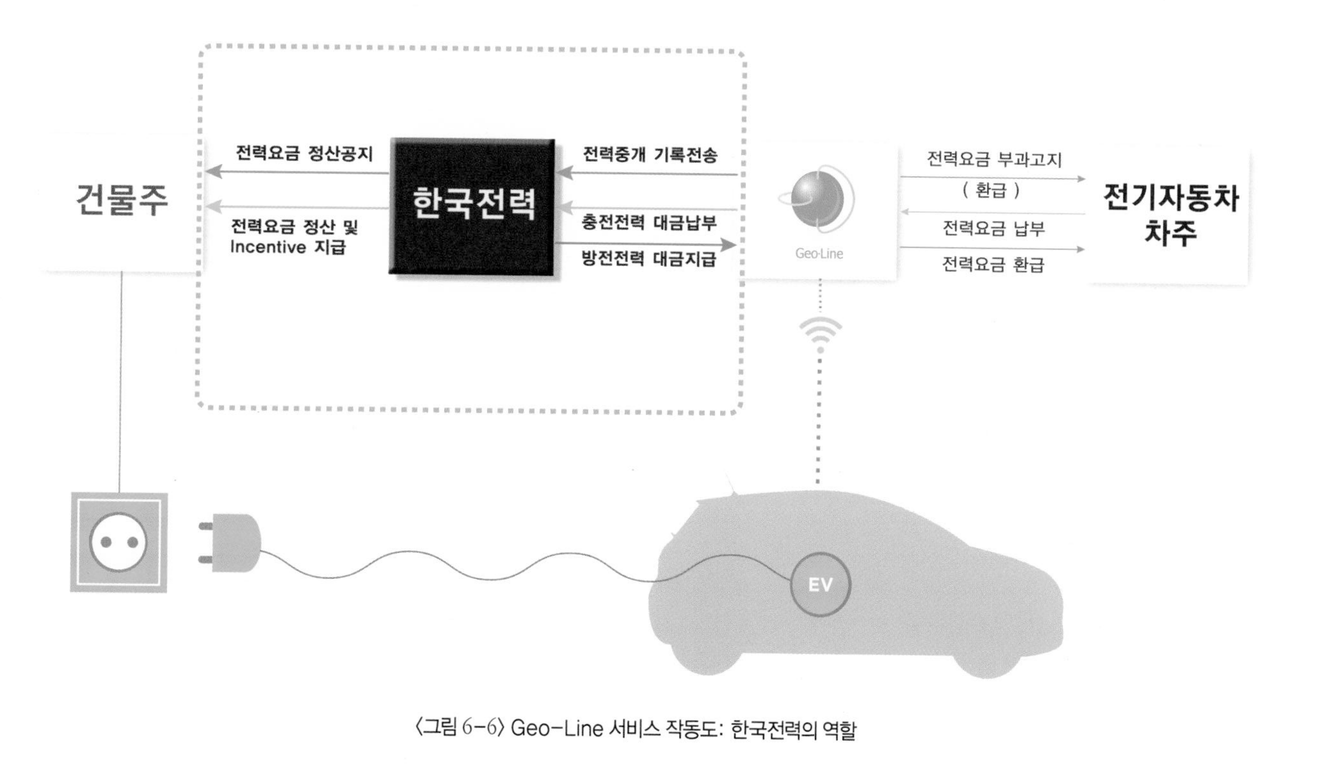

〈그림 6-6〉 Geo-Line 서비스 작동도: 한국전력의 역할

〈표 6-1〉 전기자동차 충전전력요금표, 2013.1.14 © 한국전력

전기자동차 충전전력요금

구분	기본요금 (원/kW)	전력량요금(원/kWh)			
		시간대	여름철 (7~8월)	봄·가을철 (3~6,9~10월)	겨울철 (11~2월)
저압	2,320	경부하	55.80	56.90	78.20
		중간부하	140.80	68.30	124.20
		최대부하	225.30	73.10	184.90
고압	2,500	경부하	50.90	51.80	67.70
		중간부하	107.30	62.30	97.90
		최대부하	158.60	66.10	134.50

시간대별 구분

계절별 / 시간대별	여름철 (7~8월)	봄·가을철 (3~6,9~10월)	겨울철 (11~2월)
경부하 시간대	23:00~09:00	23:00~09:00	23:00~09:00
중간부하 시간대	09:00~11:00 12:00~13:00 17:00~23:00	09:00~11:00 12:00~13:00 17:00~23:00	09:00~10:00 12:00~17:00 20:00~22:00
최대부하 시간대	11:00~12:00 13:00~17:00	11:00~12:00 13:00~17:00	10:00~12:00 17:00~20:00 22:00~23:00

한국전력에서는 현재 전기자동차용 전력요금을 표 6-1과 같이 계절과 시간대에 따라 변동 요금을 적용하고 있다. Geo-Line을 통해 전력 중개 내역은 이 제도를 그대로 적용할 수 있도록 정확한 시간정보와 함께 매 시간대별 충방전량 정보를 정확하게 수집하도록

하고 있다. 그리고 현재 대한민국의 전력요금체계는 산업용과 일반용, 가정용 등 매우 다양한 상품으로 나눠지기 때문에 Geo-Line을 사용하지 않고 전기자동차를 콘센트에 연결하면 들쭉날쭉한 전력요금이 나오게 된다. 하지만 Geo-Line 서비스를 적용하게 되면 해당 건물의 전력 상품과 무관하게 전기자동차가 사용한 전력은 항상 전기자동차 전력요금으로 Geo-Line 서비스기업에게 청구할 수 있다. 이 전기자동차 충전전력요금제도를 항상 정확하게 시행할 수 있는 것만으로도 전력 부하에 따라 차등 요금제를 적용해 전력망을 안정시키고자 하는 한국전력의 의지를 실현하는 데 큰 도움이 된다. 이와 더불어 한국전력은 별도 인프라 투자 없이 전기자동차용 전력요금을 정확하게 청구하고 수령할 수 있다.

04 전기자동차 차주

전기자동차 차주는 Geo-Line 서비스를 통해 자신의 전기자동차를 장소에 구애받지 않고 사용할 수 있는 가장 두드러진 수혜자가 될 수 있다. 전기자동차 차주는 통신요금이나 전기요금처럼 매달 청구서를 받아 납부하면 되기 때문에 충방전 할 때 마다 일일이 인증과정을 거치는 불편함도 덜 수 있다. 기존에는 가정용 전력요금의 누진제도 때문에 생각보다 훨씬 비싼 전기요금을 낼 수밖에 없었지만, Geo-Line 서비스를 이용하면 수수료를 포함하더라도 매우 경제적으로 전기자동차를 사용할 수 있게 된다. 그리고 전기자동차 차주는 ESS 서비스에 가입하여 전력을 방전하는 동안에 충전요금보다 높은 가격에 판매할 수 있어 경제적인 이익이 기대된다. 특히 전력요금이 저렴한 시간대에 충전하여 전력부하가 커서 전력요금이 상승한 시간대에 자동으로 판매할 수 있도록 Geo-Line 서비스기업과 ESS 서비스 약정을 들어 둔 덕분에 제법 쏠쏠하게 차량운행비를 절약할 수 있다. 계절적으로 경부하 시간대와 최대부하 시간대의 요금 차이가 벌어지는 여름철과 겨울철에는 특히 경제적으로 도움이 된다. 그리고 렌터카나 카쉐어링에 전기자동차를 사용하거나 친지나 지인에게 전기자동차를 빌려주는 경우에도 거의 실시간으로 해당 요금을 확인할 수 있다.

전기자동차 차주는 이렇게 다양한 혜택을 누리는 것과 동시에 기여자의 역할도 수행하게 된다. Geo-Line의 ESS 서비스에 가입하면

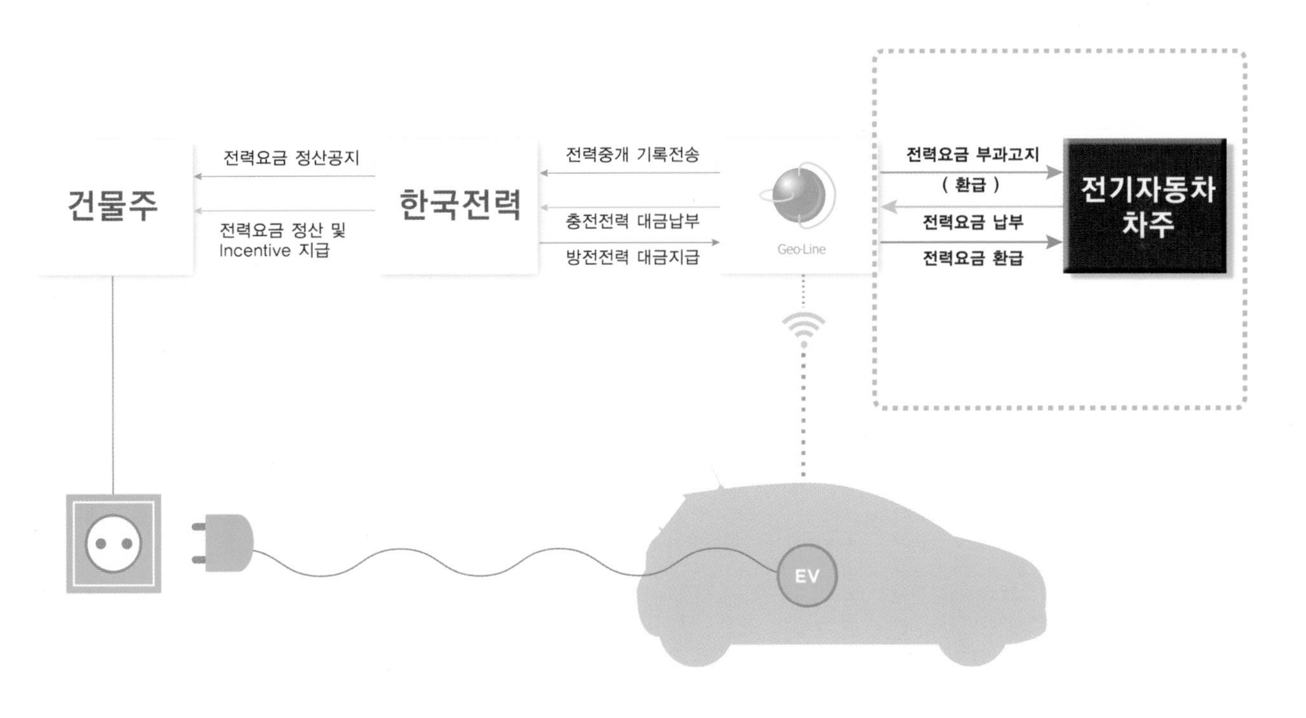

〈그림 6-7〉Geo-Line 서비스 작동도: 전기자동차 차주의 역할

에너지 분산 저장을 통해 신재생에너지 발전비율을 확대하는데 일익을 담당하고 우리나라의 전력망을 안정시키는 역할을 하게 된다. 환경적인 측면에서 보면 전기자동차 차주는 전기자동차를 사용하고 ESS 역할을 수행하면서 이산화탄소 배출 저감을 실천하는 환경의 파수꾼이 된다. SETI@home의 분산 컴퓨팅처럼 Geo-Line 전기자동차 에너지 분산 저장은 그 어떠한 대형 ESS보다 뛰어난 저장능력과 안정성을 보일 것이 분명하다. 이 프로젝트에 참여하는 전기자동차 차주는 지구를 지켜내는 21세기의 진정한 시민 영웅이다.

05 건물주

건물의 전력량계에 부과된 전력요금을 납부하는 시민[2]은 Geo-Line의 Network를 완성하는 가장 중요한 개체이다. 이 책에서 마지막으로 설명하는 이유는 중요도의 순서에 따른 것이 아니라 Geo-Line의 다소 복잡한 흐름을 설명하기 위한 것임을 분명히 밝혀둔다. 이렇게 중요한 건물주는 Geo-Line과 전기자동차 보급이 그리 달갑지 않을 수 있다. 건물주차장에서 Geo-Line 서비스를 사용하려면 전원콘센트를 누구든지 사용할 수 있도록 개방되어 있어야 한다. 이렇게 하기 위해서는 건물주의 절대적인 협조가 필요하다. 콘센트의 설치는 Geo-Line 서비스기업에서 책임을 다하기 때문에 갑자기 비용이 들어가는 부분은 없지만, 개방된 콘센트로 인한 전력도난이 걱정되는 것은 모든 사람이 한 마음일 것이다.

이 문제를 해결하기 위한 전력도난 방지책을 구상해 보았다. 아파트와 같이 다수가 이용하는 대형 공공건물에서는 콘센트를 개방하고 CCTV를 통해 관리·감독하는 방법으로 전력도난을 막는 방법을 추천한다. 이를 보완하기 위해서 전력도난에 대한 경범죄 처벌 법규를 마련하고 신고·포상제도를 함께 사용하는 방안을 추진할 필요가 있다. 관리인과 CCTV가 없는 다세대 주택과 같이 소규모 공동주택에서는 전기자동차를 여러 가구가 운행하지 않을 경우에는 콘센트를 소형 분전함 내부에 설치하고 자물쇠를 걸어두는 것

2_ 다양한 표현이 가능하지만 이 책에서는 편의상 건물주로 표현하고 있다.

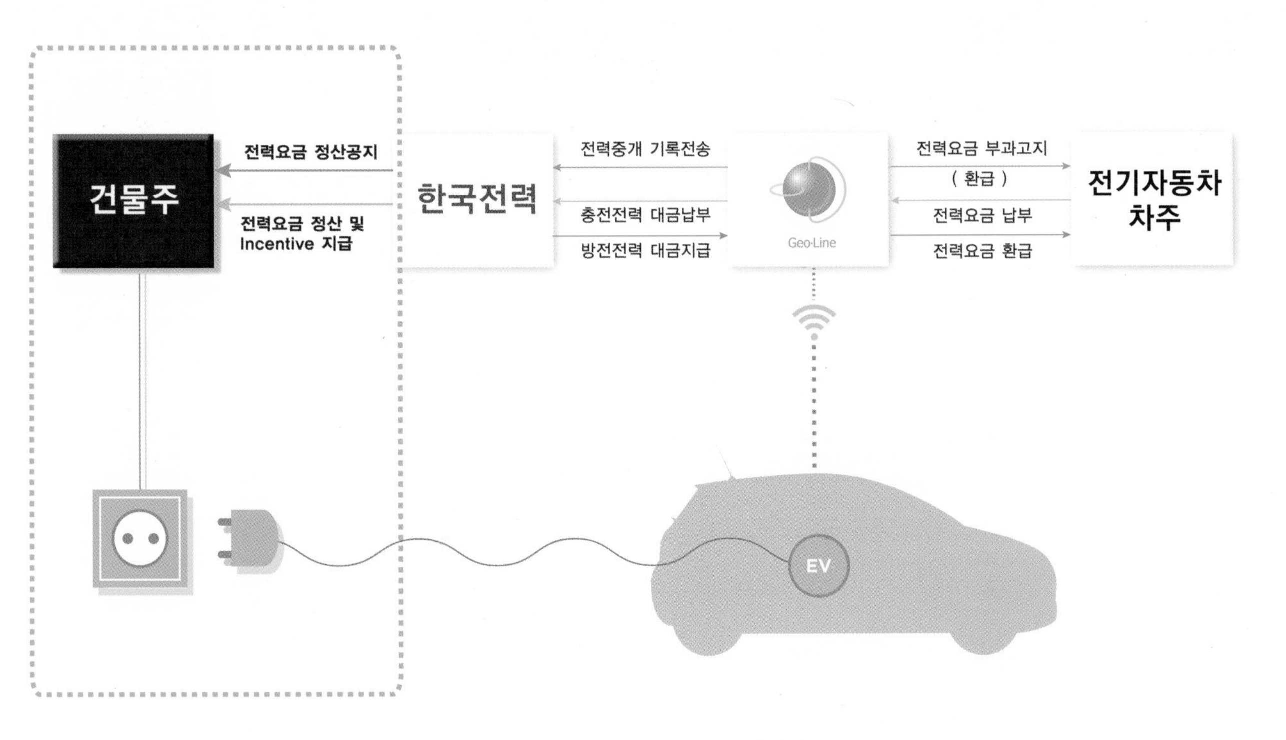

〈그림 6-8〉 Geo-Line 서비스 작동도: 건물주의 역할

도 현실적인 방법이다. 사실 전력도난에 의한 손해는 거의 발생하지 않을 것으로 예상한다. 왜냐하면, 전열기구나 용접기와 같이 특별히 전력소비가 많은 장치를 타인의 건물 주차장에 가져와서 무단으로 사용할 가능성은 매우 낮기 때문이다. 만일 휴대폰 충전기 등을 짧은 시간 동안 무단으로 사용한다 하더라도 그 피해 금액은 매우 적어서 인센티브 지급액을 초과하기는 힘들 것으로 예상한다. 전력도난에 의한 문제는 그 피해액보다는 건물주의 정신적인 스트레스로 작용할 수도 있는 부분이다. 따라서 낮은 비용으로 별도 장치를 설치한다든지, 겨울 추위가 매서운 캐나다에서 엔진이 얼지 않도록 노상에 주차된 내연기관 자동차의 전기플러그를 꼽을 수 있도록 하는 것과 같은 운영방법을 연구하여 참고하는 등 새로운 아이디어의 적용 가능성은 항상 열려있다. 이 가운데 가장 합리적인 방법과 국민적인 합의가 필요할 것이다.

이와 같이 모든 건물주가 처음에는 전력도난에 대해 미덥지 못하겠지만, 실제 전력도난으로 인해 손해를 입을 가능성이 거의 없다는 점을 다시 한 번 밝혀 둔다. 오히려 해당 건물에서 전기자동차를 충전하면서 발생하는 인센티브 지급액이 전기자동차 보급 증가와 맞물려 점점 불어나게 된다. 이로써 건물주는 Geo-Line을 위한 기여자로 시작했지만, 수혜자의 위치에도 서게 된다.

Geo-Line 주차장 인증을 받은 건물에는 인증 스티커를 부착하는 것을 생각해 볼 수 있다. 이렇게 해야 전기자동차의 충방전 이용이 늘어나며 이에 비례하여 인센티브도 증가한다. 유료주차장을 운영

〈그림 6-9〉
인증 스티커의 성공 사례: 세스코멤버스

하는 경우에는 전기자동차 주차로 인해 주차 수입 증가와 전기자동차 충방전 전력에 대한 인센티브 지급으로 매출 및 이익증대가 기대된다[3]. 상업용 건물의 경우에도 전기자동차 차주들이 우선적으로 찾게 되는 효과가 있어 상권활성화에 도움이 될 것이다. 요즘 음식점 등에서 흔히 볼 수 있는 세스코멤버스 인증 스티커는 소비자들의 호감을 높이는 인증 스티커의 성공 사례라고 할만 하다.

3 _ 이미 미국 샌프란시스코의 일부 주차장에서는 전기자동차 충전이 가능하다는 점을 홍보하고 있다.

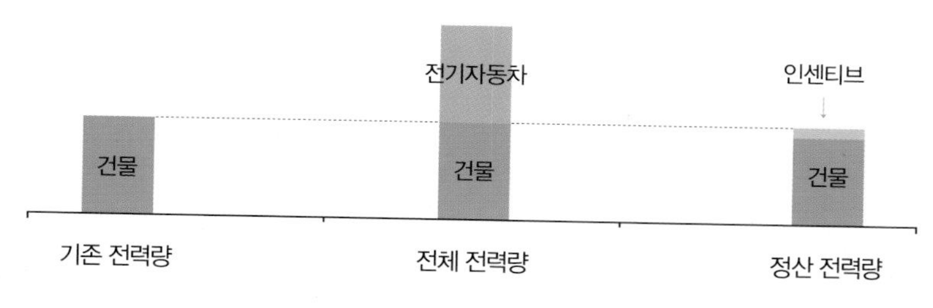

〈그림 6-10〉 건물주에게 청구되는 전력량

이 그래프와 같이 기존 전력량 대비 전력량계에서 표시되는 전체 전력량은 증가하지만, 전기자동차에서 사용한 전력량이 정산되어 같은 요금이 청구 될 수 있다. 여기에 인센티브가 지급되는 혜택까지 누릴 수 있다. 그래서 매월 전력요금 청구서를 받아보면 건물에 설치된 전력량계의 사용량보다 항상 적은 값으로 정산되어 청구되는 것을 확인할 수 있다. 건물주는 자신이 가진 콘센트를 내주는 대신에 여러 가지 방법으로 경제적인 도움을 받을 수 있다. 이런 경제활동 가운데에서도 건물주가 전력망 안정과 이산화탄소 저감에 큰 기여를 하고 있다는 점을 우리는 잊지 말아야 한다.

CHAPTER _ 07

전기자동차 가격 검토

ELECTRIC VEHICLE

결론은 전기자동차가
결코 내연기관 자동차보다 비싸지 않다는 것이다.
적정한 보조금을 지급하여 전기자동차가
ESS의 역할을 하게하면 신재생에너지 발전의
투자비용을 대폭 절약해주는
고마운 존재가 될 수 있다.

20세기 내내 내연기관 자동차의 위세에 눌려 지낸 전기자동차가 21세기에 다시 등장하게 된 것은 짧은 주행거리 한계극복과 가격부담 완화로 어느 정도 경쟁력을 갖게 되었기 때문이다. 그럼에도 전기자동차를 사용하는데 이 두 가지 어려움은 여전히 치열하게 극복해야 할 문제로 남아있다. 이 가운데 전기자동차의 짧은 주행거리 한계를 극복할 수 있는 충전인프라에 대한 해법으로 Geo-Line을 제시하였다. 하지만 아직도 전기자동차 가격 부담은 미결 과제로 남아있다. 이 장에서는 미결 과제인 전기자동차의 높은 차량 가격과 저렴한 운행비용 등 TCO(Total Cost of Operation)를 검토하겠다. 이제까지는 전기자동차의 경제성이 내연기관 자동차에 미치지 못했으나, 그 차이를 상당히 줄여온 것처럼 앞으로 어떤 변화가 우리를 기다리고 있을 지 살펴보자.

01 배터리가격 전망

전기자동차에서 배터리가격이 차지하는 비중은 절대적이다. 그런데 시민들이 전기자동차의 배터리가격을 확인할 수 있는 재미있는 사건이 벌어졌다. 고성능 전기자동차를 판매하는 테슬라의 Model S가 배터리 용량에 따라 다양한 가격대로 제품을 출시한 것

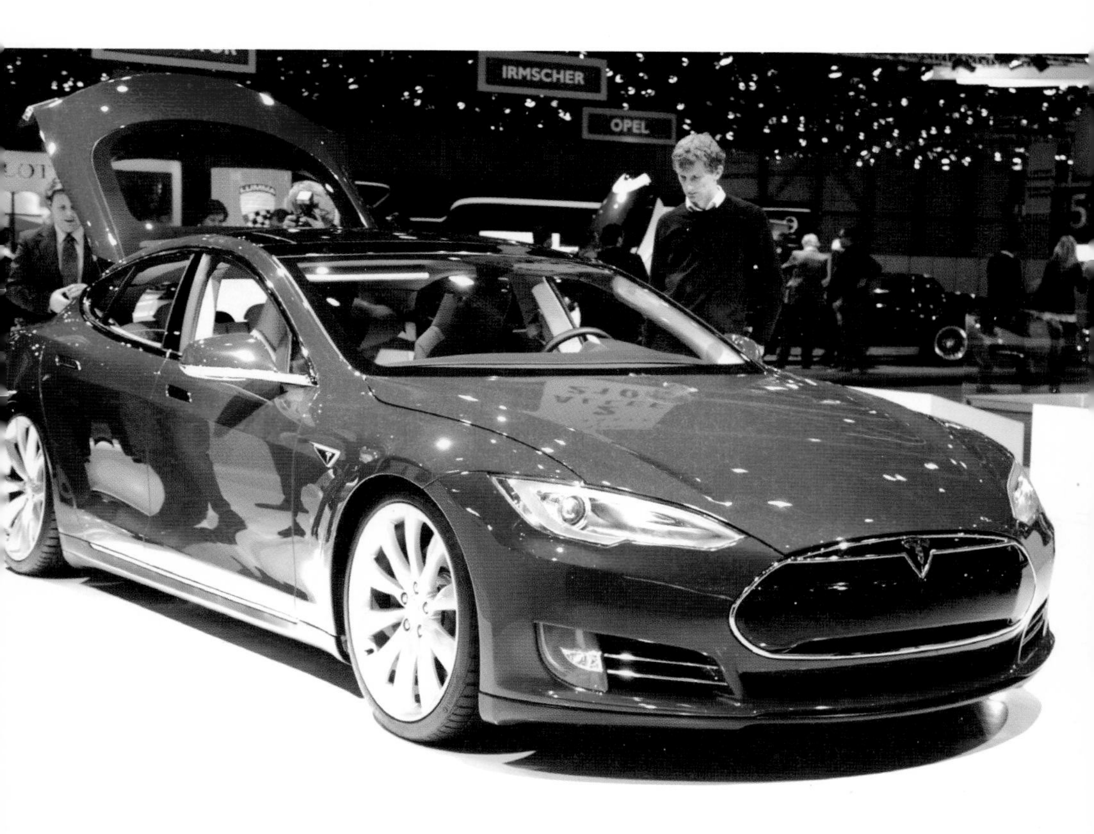

〈그림 7-1〉 테슬라 Model S © Norbert Aepli, Switzerland

이다. 마치 아이폰 등 일부 스마트폰 제품이 메모리 용량에 따라 제품가격을 차등하는 것과 같은 방법이다. 최대용량인 85㎾h사양이 $73,570이고, 60㎾h사양이 $63,570으로 25㎾h차이에 $10,000, 즉 우리 돈으로 1,100만 원 차이가 나는 것이다. 과거 한 자동차 회사의 고위 임원은 언론과의 인터뷰에서 전기자동차의 배터리를 제외한 나머지 가격은 내연기관 자동차와 같은 수준이므로 배터리가 격분에 대해 정부의 보조금 지원이 필요하다고 언급한 적이 있다. 이 방식으로 Model S의 차량 가격에서 배터리가격을 완전히 제거하면 배터리를 제외한 차량 가격은 $39,570로 내려간다. Model S는 현대 제네시스와 동급의 대형 후륜 세단이다. 현대 제네시스가 미국에서 이와 비슷한 가격대에 판매되고 있는 것은 인터넷을 통해 쉽게 확인할 수 있다. 이와 같이 자동차 가격 구조를 통해서 형성된 시장가격을 살펴본 결과 그 임원의 언급은 매우 정확하다고 할만하다. 물론 Model S의 눈부신 IT기술과 출력 우위를 생각하면 Model S가 오히려 저렴하게 느껴지기도 한다. 이 전기자동차의 가격조차 현재 기준이며 앞으로 전기자동차를 대량생산하고 전기자동차 부품 전문 업체가 여러 자동차 회사에 해당 부품을 공급하게 되면 배터리 부분을 제외한 나머지 부분에서도 더 개선될 여지가 많이 있다.

2012년 McKinsey study에 따르면, 전기차용 24㎾h 배터리가격은 2013년에 평균 1,400만 원 선에서 2025년에는 평균 500만 원 미만으로 떨어질 것으로 예측하고 있다. Model S의 배터리가격은 시장 평균 가격에 비해 상대적으로 저렴하기 때문에 다른 차종의

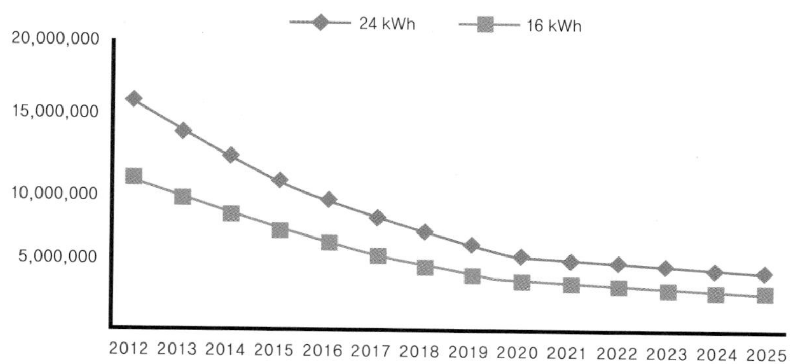

〈그림 7-2〉 전기자동차 배터리가격 전망 © McKinsey study, 2012

가격을 추정하는 데에 사용하는 것은 무리가 있음을 밝혀 둔다. 참고로 외국의 시장 평가기관에 따르면 LG화학을 비롯한 삼성SDI, SK이노베이션 등 국내업체들이 전기자동차용 2차전지 제조업체 가운데 세계 최고의 경쟁력을 보유하고 있다.

02 정부보조금

지금까지 전기자동차의 배터리가격 구조를 분석한 결과 전기자동차 가격은 충분히 인하될 여지가 있음을 확인할 수 있었다. 아울러 시간이 흐르더라도 명백하게 내연기관 자동차보다는 비쌀 수밖에 없다는 것 또한 확인 할 수 있었다. 그래서 세계 각국 정부들은 전기자동차 판매가격에 보조금을 지급하여 초기 시장 안착을 돕고 있다. 먼저 프랑스 정부는 대당 €5,000를 보조한다. 미국 연방정부도 거의 같은 금액인 $7,500를 보조해준다. 연방정부뿐만 아니라 일부 주정부와 시정부에서 추가로 보조금을 지급하고 있다.

먼저 우리나라보다 한 발 앞서 전기자동차를 민간 보급하는 프랑스의 보조금을 살펴보자. 르노 Fluence Z.E.(Zero Emission)는 SM3

〈그림 7-3〉 르노 Fluence Z.E. © Renault

의 르노 버전 전기자동차로 터키에서 생산된다. 터키 부르사 공장에서 생산된 Fluence Z.E.의 프랑스 판매 가격은 €26,300이다. 여기에 €5,000의 보조금을 제하면 실 구입가격은 €21,300이다. 프랑스의 자동차 세제 등을 적용한 동급의 Megane 최저가가 €20,300이니 거의 동일한 가격대라는 것을 알 수 있다. 프랑스의 정책과 제도를 직접 우리나라에 적용하기에는 무리가 있으나, 프랑스 정부는 전기자동차 구입비용이 내연기관 자동차와 동등한 수준이 되도록 적극적으로 지원하고 있다.

우리나라에서는 대당 최대 310만 원까지 세금을 감면해주는 법안이 시행 중이다. 하지만 경차에는 이미 비과세 혜택이 있기 때문에 경형 전기자동차로는 그 혜택을 모두 누리지 못하는 맹점이 있다. 최근 환경부가 선정한 10대 전기차 선도도시(제주, 서울, 대전, 광주, 창원, 영광, 당진, 포항, 안산, 춘천)에서 공공기관, 시민단체, 관련기업이 전기자동차를 구매하는 경우 환경부에서 1,500만 원의 보조금을 지급하기로 확정하였다.

〈표 7-1〉 국내 전기자동차 판매 가격 (단위: 만 원)

<table>
<tr><th>제조사</th><th>차명</th><th>차량
가격</th><th>환경부
보조금</th><th>제주도
보조금</th><th>세금
환급</th><th>실구매
가격</th></tr>
<tr><td>기아</td><td>레이 EV</td><td>3,500</td><td rowspan="3">1,500</td><td rowspan="3">800</td><td rowspan="2">0</td><td>1,200</td></tr>
<tr><td>쉐보레</td><td>스파크
EV</td><td>4,000</td><td>1,700</td></tr>
<tr><td>르노삼성</td><td>SM3
Z.E.</td><td>4,500</td><td>275</td><td>1,925</td></tr>
</table>

특히 우리나라의 전기자동차 시험보급 지역인 제주도에서는 제주특별자치도 지방정부에서 800만 원의 보조금을 추가로 지급하기로 했다 (창원과 대전에서도 지방 정부보조금 지급을 고려하고 있다). 그리고 보조금과 함께 800만 원 상당의 완속충전기도 설치해준다고 한다. 다른 지역과 달리 개인 160명을 선발하여 같은 혜택을 주기로 했으며 3대1의 경쟁률로 구입신청이 마감되었다. 그리하여 제주도민에 한해 판매가격이 3,500만 원(2013년 가을 인하 예정가)인 레이 전기자동차를 2013년 가을부터 1,200만 원에 실구매 할 수 있게 된 것이다. 환경부에서도 전기자동차에 대한 높은 관심 때문에 일반 개인에 대해서도 지역을 확대하고 수를 늘릴 계획을 가지고 있지만, 아쉽게도 연간 몇 백대 수준에 머물고 있다. 세계적으로도 전례를 찾아보기 힘든 매우 파격적인 보조금이긴 하나 전국에 팔리는 모든 전기자동차에 이런 보조금을 지급할 수는 없는 노릇이다. 만일 100만 대의 전기자동차에 3,100만 원을 지급하려면 중앙과 지방정부 예산을 합쳐 31조원이라고 하는 어마어마한 예산이 필요하다.

이런 보조금에 대한 대안으로 앞 장에서 소개한 Geo-Line 부품으로 인한 차량 가격 인상분 200만 원을 보조금으로 지급할 것을 제안한다. 이 또한 전액 지원이 아니라 초기 40만 대에 200 만 원을 지급하고, 다음 각 20만 대 마다 75%, 50%, 25%를 차등 지급하는 방안을 추천한다. 이 경우 전기자동차 100만 대 보급에 필요한 예산은 1조 4천억 원이다. 전기자동차 배터리를 활용한 ESS 대체 효과 용량이 10GWh에 이를 것으로 예상된다. 전체 전기자동차의 배터리 용량 합계는 20GWh를 초과하지만 ESS로서의 실효율을 감안해야 하기 때문이다. 이는 신재생에너지의 실효발전량을 감안하면 12GWh급 발전 설비의 ESS 역할을 할 수 있다. 그리고 전기자동차 배터리만으로 3GWh 이상으로 3시간을 방전하며 안정적인 전력공급을 유지할 수 있다. 3시간의 방전 능력은 여름철 피크 전력 시간대에 부족한 전력까지도 적절하게 뒷받침 할 수 있을 것이다. 전기자동차로 인한 ESS 투자 대체 효과금액이 무려 20조원에 달하므로 보조금의 투자대비 효과는 14배 이상이며 최소한의 보조금으로 막대한 투자를 대체하는 효과가 있다. 지금까지의 정부보조금은 새로운 기술 산업을 진흥하기 위해 초기 시장 활성화에 목적을 둔 보조금이었다면, Geo-Line 보조금은 경제적 타당성이 확보되며 투자된 보조금 이상의 가치를 돌려받을 수 있기에 과거의 보조금제도와 매우 다르다고 할 수 있다. 달리 말해 전기자동차를 구입하지 않아서 정부보조금을 지원받지 않은 대다수의 납세자에게도 편익이 공유되는 합리적인 보조금이라고 할 수 있다.

03 배터리 리스판매

전기자동차의 가격은 배터리를 제외하면 궁극적으로 내연기관 자동차 가격과 비슷한 것을 확인했으며, 합리적인 정부보조금 지원 범위와 Geo-Line부품에 대한 차량 가격 인상분에 대해서도 원론적이나마 방향을 제시했다고 생각한다. 이제 남은 것은 배터리가격 부담을 어떻게 덜어낼 지에 대한 문제이다.

전기자동차 배터리가격 부담을 덜어내려면 다음 두 가지 정보에 주목해야 한다. 대다수 자동차 제조사에서 전기자동차 배터리를 8~10년이나 보증하고 있다. 그리고 전기자동차의 연료비용이 내연기관 차량보다 월등히 저렴하다. 이 둘을 활용하여 전기자동차의 구입과 운행에 필요한 전주기 비용(TCO: Total Cost of Operation)을 검토해 보면 내연기관 자동차와 거의 동등하다는 결론을 얻을 수 있다.

〈그림 7-4〉 자동차 리스를 전기자동차 배터리에 적용하면 초기 부담을 줄일 수 있다.

전주기 비용이 내연기관 자동차와 동등하기 때문에 개인용 차량 구입에 주로 이용하는 할부금융제도와 업무용 차량 구입에 주로 이용하는 리스제도를 이용하면 초기 구입 부담을 줄일 수 있을 것이다. 할부금융제도보다는 리스제도가 배터리를 관리하고 재활용을 철저히 하는데 도움이 되고, 장기 분할 납부에도 적합하다. 전기자동차 배터리가격분에 대해서 리스판매를 하게 되면 초기 구입 부담을 덜고 실제 운행과정에서 기존 내연기관 자동차와 비슷한 비용이 들게 된다. 그래서 이미 국내외의 많은 전기자동차 판매사에서 전기자동차 배터리를 리스로 사용할 수 있게 하고 있다. 저금리 리스를 운영하더라도 전기자동차 제조사가 손해를 보지 않는 까닭은 리스 기간이 지난 뒤에 배터리를 재활용이나 재판매가 가능하여 상당한 수익을 보전할 수 있기 때문이다.

04 유지관리비

〈그림 7-5〉 내연기관 자동차의 엔진오일 교환: 전기자동차에는 엔진오일이 없다. © Dvortygirl

전기자동차는 내연기관 자동차와 달리 연료비용을 제외한 나머지 유지관리비용이 거의 들어가지 않는다. 전기자동차는 충전만 하고 타면 되는 자동차로서 차량에서 가장 복잡하고 문제가 많이 생기는 엔진이나 변속기가 탑재되어 있지 않다. 당연히 주기적인 소모품과 부품의 교체도 필요하지 않다. 전기자동차는 내연기관 자동차처럼 엔진 오일이나 변속기 오일을 교체할 필요가 없어 정기적인 유지관리비용이 대폭 절감된다. 오일 필터, 에어 필터, 점화플러그, 점화케이블 등의 소모성 부품도 존재하지 않는다. 차량 정기검사에서 배출가스 점검을 받을 필요가 없기 때문에 정기검사비용도 상대적으로 절약할 수 있다.

잠시 전기자동차의 정기검사에 대한 의견을 덧붙이면 전기자동차에 한해 나머지 정기검사 항목도 면제해주도록 시행 규칙을 개정하는 것이 바람직하다고 생각한다. 배출가스를 제외한 나머지 검사항목은 주로 조향 장치나 제동 장치를 점검하는 것으로 구성되어 있는데 이 장치들에 문제가 발생하면 운전자가 자율적으로 차량을 수리하기 마련이다. 자동차 부품의 신뢰도 또한 매우 향상되었기 때문에 과거와 같이 일률적인 점검은 필요하지 않다고 생각한다. 배출가스에 대해서는 타율적인 규제가 필요하지만 나머지 항목들은 규제하지 않더라도 문제가 되지 않을 것이다. 자동차 선진국인 미국 등에서도 차량 정기검사에는 배출가스 검사 항목만 존재한다.

05 대량생산효과

전기자동차 보급이 선순환 구조를 이루게 되면 나타날 가격 인하 효과를 살펴보자. Geo-Line 서비스 상용화 이전에 충방전이 가능한 콘센트 20만기와 급속충전기 2,000기 이상을 전국적으로 확보한다면 전기자동차를 이용하는 데 불편함이 거의 사라질 수 있을 것이다. (참고로 우리나라 전체 주유소는 2만개 정도이고, 시장이 포화 상태라 주유소의 수가 조금씩 줄어들고 있다.) 그리고 지속적으로 전기자동차의 판매증가 추세에 발맞춰 충방전 콘센트는 전기자동차 대수의 2배 이상, 급속충전기는 차량대수의 2% 이상을 유지하도록 꾸준

〈그림 7-6〉 일반인도 구입 가능한 기아자동차 레이 전기자동차

히 증설하도록 한다. 인프라 확충과 함께, 국내 자동차 4사에서 각각 경형, 준중형 전기자동차 출시가 예정되어 있기 때문에 전기자동차 선택의 폭도 넓어져 전기자동차의 대중화가 가능하다.

2013년 5월 현재 우리나라에서는 중소기업의 근거리용 전기자동차와 기아의 레이가 구입이 가능하다. 그리고 2013년 가을에 출시 예정인 차종은 쉐보레 스파크, 르노삼성 SM3가 있다. 잠시 공공기관용으로 공급되었던 현대 블루온도 있었다. 전기자동차 민간보급에 맞춰 출시된 스파크와 SM3의 영향으로 레이의 가격은 무려 1,000만 원이나 인하되었다. 한 때 뉴스를 통해 예상가격이 4,800만 원으로 보도되었던 스파크 EV의 가격도 4,000만 원으로 결정되었다. 또한, 현대 아반떼, 기아 소울, 쉐보레 크루즈 등 준중형 전기차도 출시를 준비하고 있다. 3사, 3개 차종 출시에 의해 전기자동차 가격이 인하되는 것으로 볼 때 전기자동차는 앞으로도 더욱 합리적인 가격으로 여러분께 다가갈 것이다. 현대 투싼 수소연료전지차가 해외에서 출시되었는데, 이처럼 전기자동차도 중형급 이상 차량과 SUV로도 확대되어 점차 다양한 차종이 출시될 것으로 예상된다. 현대자동차에서 정부의 지원을 받아 개발 중인 전기 버스 컨셉트가 2013 서울모터쇼에서 선보이는 등, 전기자동차는 다양한 차종으로 확산되어 시장에 진입할 것으로 예상된다. 일단 시장이 형성되고 규모의 경제가 실현되면 대당 상각비용이 현저하게 떨어져 전기자동차 가격도 혁신적으로 인하될 수 있다. 특히 차량생산규모가 세계 5위권 안에 진입한 현대·기아자동차는 플랫폼 공용화 등 대량생산효과를 가장 잘 발휘하고 있는 자동차제조사로서 이 부문의 경쟁력은 세계 제일이라고 할 만하다. 따라서, 전기자동차 시장에서도 현대·기아자동차가 대량생산효과를 가장 뚜렷하게 보여줄 수 있는 잠재력을 가지고 있다.

전기자동차 가격에 대해 여러 가지 접근 방식을 통해 가격 인하를 점쳐 보았다. 가장 먼저 국내 전기자동차 가격에 대한 고찰이 있었으며, 보조금에 대해서도 살펴보았고, 전기자동차 배터리를 리스판매 하는 방법과 전기자동차의 대중화에 따른 가격 인하 효과까지 살펴보았다. 이상의 내용을 종합하여 내리는 결론은 전기자동차가 결코 내연기관 자동차보다 비싸지 않다는 것이다. 2013년 현재 가솔린엔진과 디젤엔진을 선택하는 데에는 각각의 엔진에 따른 경제성과 승차감 등을 고려한 소비자의 선택이 좌우한다. 이처럼 머지않아 전기자동차도 가솔린엔진, 디젤엔진과 마찬가지로 차량의 주된 사용용도, 승차감, 소음 및 음악 청취성 등을 고려하여 선택하게 될 것이다. 여기에 친환경에 대한 관심이 더해져 비슷한 조건에서는 전기자동차를 선택하는 국민이 더 많아졌으면 하는 바람이 있다.

이 책에서는 기존의 방식과 차별화 된 여러 가지 내용들을 소개하고 있다. 지금까지는 전기자동차가 친환경 자동차라는 것은 인식하면서도 비싼 가격 때문에 감히 구입할 엄두를 내지 못하는 분들도 계셨을 것이다. 이 장에서 다뤄진 내용을 통해 전기자동차는 가격과 연료비용을 종합한 전주기 비용(TCO) 측면에서 내연기관 차량에 비해 나쁘지 않은 경제성을 확인할 수 있다. 그리고 적정한 보조금을 지급하여 전기자동차가 ESS의 역할을 하게하면 신재생에너지 발전의 투자비용을 대폭 절약해주는 고마운 존재가 될 수 있다는 사실 또한 확인할 수 있었다.

2025 THE FUTURE OF

CHAPTER _ 08

Geo-Line과 함께하는 2025년

ELECTRIC VEHICLE

Geo-Line과 신재생에너지는 자전거의 두 바퀴처럼
서로 돕고 보완해 주어야 한다.
Geo-Line과 신재생에너지를 전 세계로 확산시켜
지구생태계를 지키고 지구공동체의 평화와
지속가능한 발전을 이루어내자.

2025년, 지금부터 12년 뒤를 선택하여 말하는 이유는 Geo-Line의 상용화 시점은 준비기간을 거쳐 2015년이며, 이때부터 10년 동안 신규 자동차 시장의 평균 10% 정도를 판매하는 것을 기준으로 2025년이면 전기자동차가 100만 대를 돌파할 것을 예상하여 정하게 된 것이다. Geo-Line의 상용화는 작은 투자로 큰 효과를 거둘 수 있다는 것을 앞에서 확인할 수 있었다. 합리적인 절차에 따라 신속하게 상용화가 이뤄져서 국가와 국민에게 이롭고 지구생태계도 보호할 수 있어야 할 것이다. 이를 위해서는 기업이나 대학, 연구소의 노력도 중요하지만 정부가 정책 추진 의지를 가지는 것이 가장 우선이다.

01 Geo-Line의 효과

〈표 8-1〉 Geo-Line과 전기자동차 100만 대의 이산화탄소 감축효과

	기준연비[1]	1대당 CO_2 배출량	2013년		2025년	
가솔린자동차	15.0 km/ℓ	2.77톤	80만 대	222만 톤	0 대	–
디젤자동차	16.2 km/ℓ	3.19톤	20만 대	64만 톤	0 대	–
전기자동차	5.0 km/kWh	1.88톤	0 대	–	100만 대	188 만 톤
합계			286만 톤		188만 톤	

제1장의 핵심 내용인 전기자동차의 친환경성에 대해 실제효과를 제시한다. 방법은 우리나라에서 2013년의 내연기관 자동차 가운데 100만 대를 2025년까지 전기자동차로 대체한다는 가정에 의해 결과를 산출하였다. 차량의 연간 주행거리는 2만 km로 계산하였으며, 에너지관리공단 이산화탄소배출량 기준을 적용하였다. 이는 전기자동차가 막연하게 Zero Emission Vehicle이라서 이산화탄소 배출효과가 없다고 주장하는 것이 아니라 매우 공정하게 그 효과를 판단할 수 있는 근거가 된다. 표를 보면 디젤자동차가 가솔린자동차보다 연비가 우수하지만 CO_2 배출량은 오히려 많은 편이다. 이 내용은 2장에서 설명하였으며, 에너지관리공단 홈페이지나 자동차 광고 연비부분에 표시된 내용으로 누구나 확인할 수 있다. 그리고

1_2013년 4월 29일 현재 국산 준중형 승용차 최고 연비 (가솔린: SM3, 디젤: i30, 전기: SM3 EV)

가솔린이나 디젤의 생산이나 유통과정에서 발생하는 CO_2 배출량이 포함되지 않았다는 점을 추가로 고려할 필요가 있다. 우유포장에 천연물인 우유의 생산, 유통과정의 CO_2 배출량을 표기하는 것과 같다. 현재의 화력발전 비율을 적용하더라도 내연기관 자동차 100만 대가 전기자동차로 전환되면 최소한 연간 100만 톤의 이산화탄소를 감축할 수 있다. 아울러 신재생에너지 발전비중을 확대하고 Geo-Line과 전기자동차가 이를 지원하는 역할을 수행할 수 있기 때문에 150만 톤 이상 이산화탄소를 감축하는 효과를 만들어 내는 것도 충분히 가능하다.

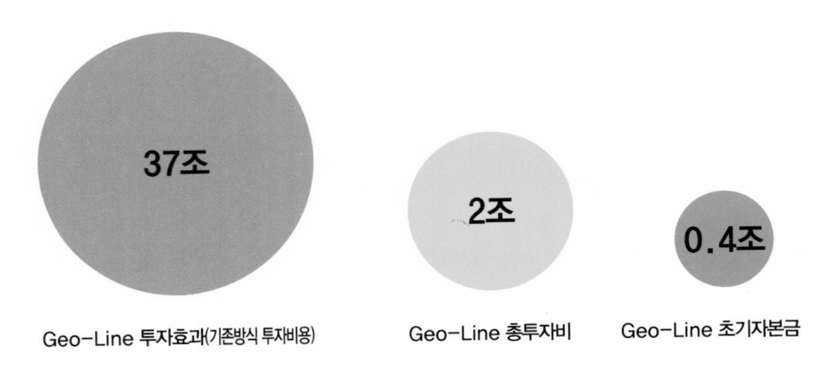

〈그림 8-1〉 Geo-Line과 전기자동차 100만 대의 투자효과

전기자동차의 충전인프라 투자에는 많은 돈이 들어간다고 알려져 왔지만 이 책에서 Geo-Line을 소개하여 새로운 가능성을 확인할 수 있었다. 이 그림과 같이 2025년의 Geo-Line과 전기자동차 100만 대는 충방전인프라 구축(17조 원[2])과 신재생에너지를 위한

2_ (재)한국스마트그리드사업단 (2010.9). 전기자동차 충전인프라 구축방안을 기준으로 충전기 수량 조정(홈충전기: 518,533대, 완속충전기: 1,481,467대, 급속충전기: 20,000대). 17조 3734억 원을 어림.

ESS 역할(20조 원[3])에서 37조 원의 투자 대체효과를 만들어내지만 오로지 2025년까지 총 2조 2천억 원을 투자하는 것으로 충분하다. 이마저도 초기자본금 4천억 원을 준비하기만 하면 Geo-Line 서비스기업 운영을 통해 2025년까지 나머지 투자재원 마련이 가능하다. Geo-Line이 전기자동차 보급을 지속가능하게 하고, 세금 유출에서 자유로워지게 만드는 효과가 있음을 증명하고 있다. 지금까지 알려진 전기자동차 보급방안 가운데 Geo-Line이 어느 나라에서든지 전기자동차를 가장 경제적으로 보급할 수 있는 방안이라고 확신한다. 우리나라에서는 유류소비에 적절한 과세가 이뤄지고 있으며, 전기소비에도 누진제도를 적용하고 있어 제도적 환경이 Geo-Line에 아주 적합하다. 우리나라와 비슷한 제도환경과 인프라환경을 가지고 있는 나라에서는 Geo-Line을 쉽게 확산할 수 있을 것이다. 유류소비세가 적절하게 부과되지 않는 국가에서는 Geo-Line과 전기자동차의 조합이 내연기관 자동차에 비해 경제성이 낮을 수도 있다. 이럴 경우에는 그 나라의 유류세제에 대한 재검토와 함께 전기자동차 사용에 일정한 보조금을 지급하는 방안을 고려할 필요가 있다.

전기자동차는 구입비용도 충전인프라와 함께 전기자동차 보급의 걸림돌이다. 그래서 제주도에서는 보조금 3,100만 원과 세금 감면을 최대 310만 원까지 받을 수 있도록 지원하고 있다. 이런 방식의 보조금 역시 정부의 세출을 증가시켜 나라살림이 어려워질 수

3_ 관계부처 합동 (2012.7). 제1차 지능형전력망 기본계획, 37, 소형저장장치 10GWh 기준

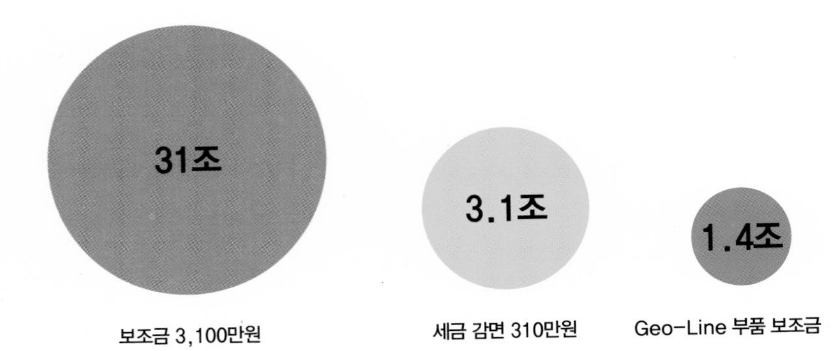

〈그림 8-2〉 전기자동차 100만 대 기준 Geo-Line의 정부보조금 절감효과

도 있다. 그래서 7장에서 언급한 것과 같이 전기자동차의 가격하락을 유도하고, 배터리를 리스판매하면 구입비용이 가솔린자동차와 같은 수준에 도달할 수 있다. 전기자동차 가격이 가솔린자동차와 비슷해지면 보조금을 지급할 필요가 없다. 하지만 전기자동차로 Geo-Line을 사용하기 위해서는 Geo-Line 부품 장착비용을 보급할 필요가 있다. 초기 40만 대에 100%, 다음 각 20만 대 마다 75%, 50%, 25%를 차등하여 보조금 지급하는 방안을 적용하면 1조 4천억 원의 예산이 필요하다. 1조 4천억 원의 예산까지도 절약할 수 있다면 좋겠지만, 에너지저장시설로서의 대체효과 20조 원도 함께 포기하는 것이기 때문에 어느 것이 현명한 선택인지는 아주 명확하다.

2장에서 말한 것처럼 2025년이라고 해서 모든 자동차가 전기자동차나 수소연료전지 자동차로 교체되지는 않는다. 왜냐하면 자동차는 내구소비재로서 주택을 제외하면 가계 부담이 가장 크고 IT기기처럼 짧은 수명주기를 갖지 않기 때문에 상대적으로 보수적이고 신중한 선택이 이루어지는 경향이 있다. 2025년에도 다양한 에너지원을 사용하는 자동차가 시장을 분할하며 각자의 영역에서 운행하게 될 것이다. 자동차 시장이 어떤 모습을 갖게 되더라도 전기자동차와 수소연료전지 자동차 등 이산화탄소 배출 효과가 가장 적은 차량이 보다 많이 보급되어야 할 것이라는 데는 반론의 여지가 없다. 아울러 전기자동차와 수소연료전지 자동차를 ESS로 최대한 활용해 신재생에너지 발전비중을 극대화하고 발전부문의 이산화탄소 배출도 동시에 줄여야 한다. 친환경 차량인 전기자동차와 수소연료전지 자동차는 이제 시장 진입단계로서 앞으로도 성능과 효율을 개선하고 최적화 할 수 있는 많은 여지를 가지고 있다. 내연기관 자동차가 130년 가까이 지속된 단련에 의해 지금처럼 뛰어난 성능과 효율을 가지게 된 것처럼 이제 걸음마를 떼는 전기자동차와 수소연료전지 자동차에 대해서도 비슷한 발전 과정을 기대하게 된다. 2025년이면 충분히 많은 수의 전기자동차가 보급될 것이다. 배터리 전기자동차가 주류를 이룰 것이고 수소연료전지 자동차가 시장 개척을 위해 기지개를 펼 것으로 예상된다. 전기자동차의 근거리 이동은 Geo-Line이 담당하고, 다음 소개하는 방법으로 장거리 이동을 보완하게 된다. 이제 전기자동차와 Geo-Line이 대중화된 2025년을 Geo-Line의 부족한 점을 보완해주는 보조 기술을 기준으로 설명하도록 하겠다.

02 급속충전기 확대설치

먼저 2013년 현재 쓰이고 있는 리튬-이온 배터리 기술의 전기자동차를 기준으로 살펴보겠다. 리튬-이온 배터리 전기자동차는 배터리 무게·부피의 한계로 인해 쉽사리 주행가능 거리를 늘리지 못하고 200㎞ 정도를 최대 이동거리로 하여 보급될 것이다. 적어도 우리나라와 같이 인구밀도가 높고 이동거리가 제한적인 나라에서는 지리환경적인 여건으로 인해 200㎞ 이상 주행할 수 있는 배터리를 싣는 것은 낭비일 수 있다. 그 이상의 장거리를 주행할 수 있는 차량의 필요성은 영업용도를 제외하면 크지 않다. 대다수의 국민들은 전기자동차 충방전에 Geo-Line을 이용하고 일상에서 전기자동차를 출퇴근이나 다양한 용도로 편리하게 이용할 수 있게 된다. 200㎞가 넘는 장거리 이동 시에는 고속도로 휴게소나 교통 요충지 등에서 급속충전을 할 수 있기 때문에 휴게소 휴식 시간이 조금 길어지는 것을 제외하면, 그 사용에 있어 불편한 점을 찾기 어렵다. 서울-부산을 자동차로 운전하면서 최소 2번의 휴식을 가지는 것은 안전을 위해 필수적이다. 이 휴식시간 동안 급속충전을 편리하게 할 수 있도록 Geo-Line 서비스기업은 전체 차량대수의 2% 이상 급속충전기 숫자를 유지할 수 있도록 지속적인 투자를 아끼지 말아야 한다. 2025년에 전기자동차를 누적 100만 대 보급할 것을 예상하면 Geo-Line 콘센트(주차면) 200만 기와 급속충전기 2만 대는 필수적이다. 다만, 급속충전기를 더 이상 추가 설치해야 할지는 다음

〈그림 8-3〉 급속충전기 © LS전선

절에서 소개할 기술이 적용된 전기자동차의 시장점유율을 고려하여 다시 계획을 정비해야 할 것이다. 그리고 2025년에는 차량가격에 배터리를 포함해도 가솔린 차량대비 500만 원 정도만 더 부담하면 되기 때문에 연료비를 감안하면 전기자동차를 선택하는 것이 압도적으로 경제적인 선택이 된다. 물론 7장에서 소개한 것처럼 배터리 리스판매 방법은 여전히 유효하다.

03 리튬-에어 배터리교체

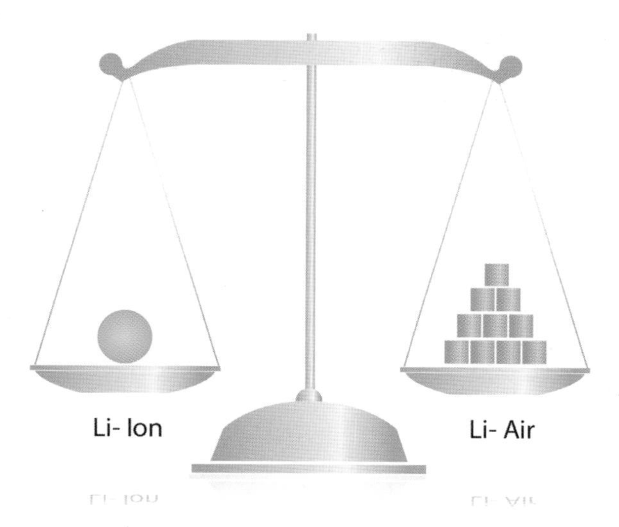

〈그림 8-4〉 리튬-에어 배터리 무게비교

2020년 기술의 전기자동차가 있다. 2020년경에는 기존의 리튬-이온 배터리보다 무게와 크기를 10%로 줄인 획기적인 리튬-에어 배터리가 상용화될 것으로 전망된다. 22㎾h 용량의 배터리는 현재 250㎏이라는 중량을 가지고 있지만, 2020년에는 불과 25㎏으로 가벼워 질 수 있다. 무게와 부피가 줄어드는 것은 단순히 전기자동차의 무게를 줄이고 실내공간이 넓어지는 정도의 영향이 아니라 괄목할 만한 파급효과가 예상된다.

현재 전기자동차의 리튬-이온 배터리는 250㎏ 정도로 사람이 직

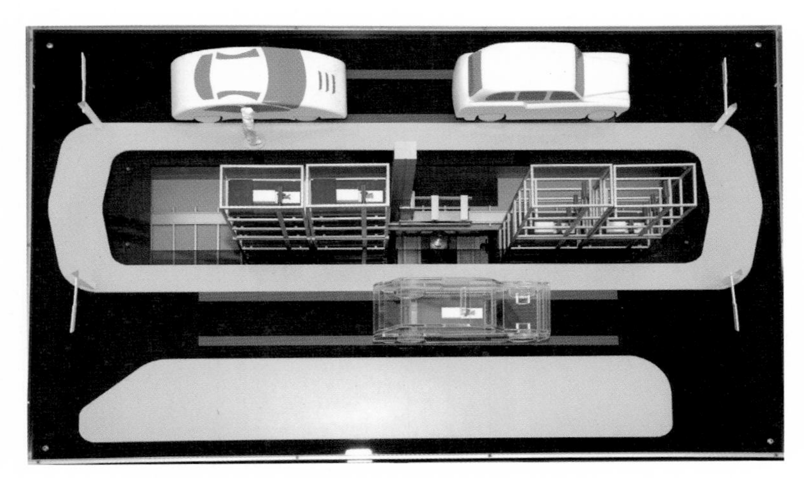

〈그림 8-5〉 전기자동차용 리튬-이온 배터리교체시설 모형 © Better Place

접 다룰 수 없을 정도로 매우 무겁다. 이 때문에 2013년에 전기자동차를 배터리교체방식으로 운용하고자 하면 20억 원 정도하는 초고가 자동설비를 설치해야만 한다. 위 그림의 정밀 모형처럼 배터리교체시설을 설치하면 전기자동차를 사용하기에는 좋겠지만, 천문학적인 비용으로 인해 경제적인 타당성이 떨어진다.

가벼운 리튬-에어 배터리의 등장은 더 이상 기계가 아닌 사람에 의해 배터리교체가 가능해진다. 오로지 배터리교체 작업자의 근골격계 질환 예방을 위한 소형기구의 도움만이 필요할 것으로 예상한다. 이렇게 가벼워진 전기자동차 배터리는 새로운 시설이 필요하지 않고, 자동차 경정비 업체나 주유소, 고속도로 휴게소 등에서 아주 간편하게 교체가 가능하다. 100~200㎞정도 주행하고 불과 1분 만에 완충된 배터리를 사용할 수 있게 되는 것이다. 평소에는 리튬-

에어 배터리 1개를 장착하고 운행하다가 장거리 이동 시에는 추가로 리튬-에어 배터리를 더 장착하는 방법 등의 응용도 충분히 고려해 볼 만하다. 그동안 리튬-에어 배터리가 등장하기 전까지는 전기자동차의 사용 범위가 자가용 차량에 한정되었다면, 이 기술의 전기자동차는 택시나 택배 차량 등 1일 주행거리가 길고 영업시간 중에 휴식을 취하기 힘든 사업용 자동차에도 적용이 가능하다. 사업용 자동차의 특성상 운행비용이 매우 경제적인 전기자동차의 인기는 하늘을 찌를 것이다. 사업용 자동차는 주행거리는 매우 길고 주차되어 있는 시간이 짧은 만큼 ESS로서의 가치는 일반 차량에 비해 줄어들겠지만, 전기자동차가 주행할 때 발휘하는 저탄소 배출효과는 긴 주행거리만큼 매우 두드러질 것이다. 그리고 리튬-에어 기술로 작아진 배터리는 교체가 용이하여 주행 중에 배터리를 교체하고자 하는 수요가 늘어날 것이다. 이런 국민들의 요구에 대응하려면 배터리 용량과 크기에 대한 표준화의 필요성이 대두될 것이다. 교체용 배터리의 표준화는 가능하면 이를수록 전기자동차 사용자 입장에서 혼선과 불편이 줄어들기 때문에 정부와 전기자동차 제조사에서는 미리 관련 협의를 진행해야 한다. 그리고 교체하는 배터리의 충전량이 모두 일정하지 않기 때문에 정확하게 충전량에 따라 요금을 부과하는 기술도 연구할 필요가 있다.

그리고 대형 트럭이나 버스에는 표준 리튬-에어 배터리를 여러 개 싣는 방법으로 응용할 수 있다. 이런 대형 차량의 경우에도 24㎾h 급 배터리 6개 정도만 있으면 200㎞ 이상을 충분히 주행할 수 있다. 자주 배터리를 교체해야 하는 번거로움이 있긴 하지만 장시간 주행에 필수적인 휴식시간을 이용할 수 있고 규칙적인 휴식이 가능해 근로자의 건강과 안전에도 긍정적이라고 생각한다. 또한 사업용 차량의 전주기 비용(TCO)을 적용한 경제성 측면에서는 2013년 현재에도 전기자동차가 디젤차량보다 월등하게 우수하기 때문에 리튬-에어 배터리를 채용한 전기버스와 전기트럭의 경제적 우위를 점쳐본다. 전기자동차는 출발성능이 우수하고 낮은 속도에서 가속력이 탁월하다는 특징이 있기 때문에 대형차량에서 활용가치가 더 높다. 이처럼 리튬-에어 배터리의 등장은 모든 형태의 자동차에 다양한 사용 목적에 궁극적으로 대응할 수 있는 전기자동차 기술이라고 할 만하다. 버스나 트럭, 택시 등 상업용 차량은 전체 자동차 가운데 차지하는 비중이 크지 않지만 자가용 차량에 비교할 수 없을 정도로 주행거리가 길고 소모하는 화석연료의 양도 압도적으로 많다. 이런 상업용 차량을 전기자동차 또는 수소연료전지 자동차와 같은 친환경 차량으로 전환해야 적은 비용으로 이산화탄소 배출을 효과적으로 감축할 수 있다. 리튬-에어 배터리의 등장은 Geo-Line 서비스의 축소를 의미하지 않고 새로운 잠재시장 개척의 의미를 지닌다.

04 수소연료전지의 응용

수소연료전지 자동차가 대중화 될 수 있는 시점도 2020년경이라고 언론에서 예측하고 있다. 수소연료전지 자동차는 1회 충전으로 600㎞ 정도를 주행할 수 있어 전기자동차의 주행거리 한계를 극복한 차량이다. 그리고 사용한 수소는 몇 분 안에 재충전할 수 있기 때문에 기존의 내연기관 자동차와 다름없이 사용할 수 있다. 2013년을 기준으로 볼 때 이런 편의성이 배터리 전기자동차에 비해 두드러지는 것이 사실이다. 수소연료전지 자동차가 본격적으로 상용화 되는 2020년이 되면 전기자동차의 물리적인 한계가 Geo-Line과 배터리 기술 발전으로 극복되어 수소연료전지 자동차의 장점은 지금처럼 크게 다가오지는 않을 것이다. 아무튼, 수소연료전지 자동차는 장거리 주행이 가능한 이점을 가지고 있는 반면, 2020년이 되더라도 가솔린 자동차 대비 2,500만 원 정도 가격이 비쌀 것으로 예상되어 차량가격 경쟁력은 가장 낮을 것으로 예상된다. 그리고 시간이 지나도 절대적으로 전기자동차보다 낮은 가격에 도달할 수는 없다. 왜냐하면 수소연료전지 자동차는 이미 완전하게 사용할 수 있는 전기자동차에 수소연료전지와 수소 저장탱크를 추가 장착했기 때문이다. 수소연료전지를 전기모터에 직결하지 못하고 전기자동차와 같이 대용량 배터리를 통해 전기모터를 구동해야 하는 한계점을 가지고 있다. 수소연료전지는 수소와 산소의 결합 반응으로 전기를 얻는 과정에서 반응의 효율성을 위해 적정 온도조건이 필요

〈그림 8-6〉 수소 충전 중인 버스

하다. 이 때문에 수소연료전지는 배터리를 충전하는 용도에 불과하고 차량의 운행에 필요한 전력은 배터리를 사용하는 것이다. (내연기관을 오로지 발전기로 사용해 배터리를 충전하는 쉐보레 볼트와 닮아있다.) 수소 저장탱크는 소형화하기 힘들어 차체가 높은 SUV나 그 이상의 대형차량에만 적용할 수 있는 한계를 가지고 있다.

수소연료전지는 미국을 횡단하는 대형트럭이나 버스같이 장거리 주행이 필수적인 차량의 내연기관을 대체하는 훌륭한 동력원으로 사용이 가능하다. 배터리 전기자동차뿐만 아니라 수소연료전지 차량도 방전이 가능하기 때문에 이동식 수소연료전지 발전소의 역할을 수행할 수 있다. 차량에 저장된 수소로 발전하고 Geo-Line 콘센트에 연결하기만 하면 전력 계통에 연결되기 때문에 얼마든지 방전이 가능하다. 수소연료전지는 단 1㎏의 수소로 25㎾h의 전력을 발전할 수 있다. 그리고 궁극적으로 수소가격은 1㎏ 당 2,000원 안팎까지 떨어질 것으로 예상된다. 이 경우 80원/㎾h 이라는 경쟁력 있는 발전원가를 얻을 수 있다. 전기자동차로 Geo-Line을 통해 방전할 때와 마찬가지로 수소연료전지 자동차로 전력을 방전하는 경우에도 적정 마진을 더하여 판매할 수 있다. 전기자동차보다 방전 원가 경쟁력이 높은 수소연료전지 자동차의 차주는 상당한 경제적 이익까지 얻을 수 있다. 수소 가스를 차량에 충전하고 차량을 Geo-Line 콘센트에 연결만 해놓으면 지속적으로 상당한 수입을 얻을 수 있다. 주차된 수소연료전지 자동차의 연료계가 내려갈수록 수소연료전지 자동차 차주의 주머니는 넉넉해지는 것이다. 그리고 수소연료전지 차량을 Geo-Line 콘센트를 통해 전원을 연결해 놓고 풍력·태양광 발전과정에서 과잉 생산된 전력을 이용한다면 아주 경제적으로 물을 전기분해하여 수소를 생산할 수 있다. 이러한 수소연료전지 자동차 충방전 기능을 실용화, 대중화하게 되면 수소연료전지 자동차는 차량의 구조와 최대주행거리만 달리하는 전기자동차로 탈바꿈하게 된다.

05 초소형 전기자동차의 대중화

지금까지 이 장에서는 Geo-Line과 함께 장거리 주행을 할 수 있도록 도와주는 2025년의 3가지 기술(급속충전, 리튬-에어 배터리교체, 수소연료전지)을 기준으로 Geo-Line 및 신재생에너지와의 상호보완적인 관계를 살펴보았다. 여기에 추가적으로 초소형 전기자동차의 대중화라는 다른 측면으로 2025년을 조망하고자 한다. 전기자동차는 내연기관 자동차에 비해 공간 활용도가 매우 높다. 그리고 리튬-에어 배터리를 채용한 전기자동차는 이보다 더 많은 공간을 얻을 수 있다. 달리 말해 같은 외관 크기의 자동차로 넓은 실내 공간과 화물 공간을 얻을 수 있으며 같은 공간이 필요하다면 훨씬 작은 크기의 차로도 충분하다. 전기자동차는 기존 내연기관 자동차가 오랫동안 진화하면서 규격화된 최소한의 크기 한계에서 매우 자유롭다. 그래서 이미 국내 중소기업 등에서 출시된 것처럼 경차 규격보다 현저하게 작은 1~2인승 초소형 전기자동차의 확산도 예상된다. 내연기관을 사용할 경우에는 상상하기 힘든 새로운 형태의 탈 것에 대한 컨셉트 모델도 이미 등장하고 있다. 초소형 전기자동차의 제작 용도에 따라 장거리 이동보다는 근거리 이동 비중이 높을 수밖에 없어 Geo-Line의 촘촘한 Network 가교 역할이 더욱 중요하다.

〈표 8-2〉 새로운 이동 수단의 예

분류	실제 이동 수단
1인용 저속 이동 수단	 Segway © Dave Proffer • 자이로스코프 원리를 이용해 좌우 2바퀴만으로 넘어지지 않는다.
1인용 중속 이동 수단	 Toyota i-REAL • 주행속도에 따라 후륜부를 조절하여 눕히거나 세울 수 있다. • 회전할 때 좌우 바퀴를 기울여 안정감을 높인다.

2인용 중고속
이동 수단

▶ 탠덤형
(오토바이형)
좌석배치
전기자동차

Nissan Land Glider

- 회전할 때 좌우 바퀴를 기울여 안정감을 높인다.
- 좁은 차체를 유지하여 주차 공간을 적게 차지한다.

Renault Twizy

- 좁은 차체 바깥으로 바퀴를 빼내어 안정감을 높였다.

06 Geo-Line의 바람

우리나라는 에너지의 97%를 전적으로 수입에 의존하고 있다. 그리고 우리나라 에너지 수입액은 전체 무역수입액의 30%를 차지한다. 이 때문에 대한민국 경제가 지속가능 하려면 에너지를 수입하는 만큼의 상품을 초과 수출하지 않으면 안 된다. 에너지자원이 부족한 우리나라에서는 그 만큼 필사적으로 수출 산업을 장려할 수밖에 없었다. 이렇게 힘들게 성장해온 대한민국에서 Geo-Line과 신재생에너지를 활용하여 기존 에너지와 발전시설을 대체하게 되면 에너지 수입의존도를 크게 낮출 수 있고 에너지자립도를 높여 석유파동과 같은 에너지 안보위기로부터 안전성을 강화할 수 있다. 또한 무역수지가 개선되어 상대적으로 우선순위에서 밀렸던 내수부분을 부양할 수 있어 고용과 복지, 환경 등에 투자할 수 있는 여력이 생긴다. 이로써 대한민국이 한 단계 더 성숙하고 균형잡힌 경제로 도약할 수 있다. 그뿐만 아니라 전기자동차 산업과 신재생에너지 산업부분에서도 질적인 측면과 양적인 측면에서 모두 우수한 고용유발효과와 산업성장효과가 기대된다. 구글이나 테슬라 등 국내외의 신생 기업, 다시 말해 비전통적인 자동차 제조기업들이 전기자동차를 통해 자동차시장에 진입하여 고용을 창출하는 것이 좋은 예라고 할 수 있다.

최근 대한민국의 서민경제는 IMF경제 위기 때보다 더 심각한 위기 상황이라고 한다. 이런 경제적 어려움은 사람들로 하여금 환경에 대한 무관심을 증폭시키는 결과를 가져온다. 현실적 고통으로 인해 미래를 걱정할 여력이 사라진 것이다. 이런 측면에서 살펴볼 때, 국민들에게 친환경성을 내세우는 방법으로 전기자동차를 홍보하기보다는 Geo-Line과 배터리 리스판매 등의 방법으로 하루빨리 경제성을 확보하는 것이 바람직하다. 경제성이 높은 자동차에 관심이 커진 국민들께서 전기자동차를 적극적으로 선택하시는 계기가 될 수 있을 것이다. 아울러 이렇게 경제적이고 합리적인 전기자동차 판매를 장려하는 가운데, 현재 중대형 승용차 위주의 시장이 경소형차를 비롯해서 초소형 이동수단이나 전기자전거 등의 비중이 높아지는 시장으로 전환하게 된다면 더욱 효과적으로 환경을 보호할 수 있을 것이다.

인류의 지나간 역사를 돌이켜 보면 기술은 인간의 무한한 욕망을 채우기 위해 지속가능하지 않은 발전을 하는데 사용되었다. 기술과 공학은 오랜 시간 동안 환경을 파괴하면서 진화해왔다는 점에서 공학자로서 책임을 통감한다. 그런 책임감으로 Geo-Line이라는 새로운 방법을 소개하게 되었다. 인간의 욕망을 충족시키면서도 지구와 우리의 후손들에게 덜 미안한 방법이라고 생각한다. 이 책에서 소개한 것처럼 Geo-Line과 신재생에너지는 자전거의 두 바퀴처럼 서로 돕고 보완해 주어야 한다. Geo-Line만 활용하는 경우나 신재생에너지만을 사용하는 경우 그 효과는 그리 훌륭하지 않고 예산을 지출하는 국가와 세금을 부담하는 국민의 부담은 몇 배 더 늘어나게 될 것이다. Geo-Line은 홀로 친환경적인 효과가 부족하고 잠재적인 능력을 발휘하지 못하며, 환경을 위하고 이산화탄소 배출을 저감하기 위해서는 반드시 신재생에너지 발전과 함께 성장해야 한다. 대한민국은 Geo-Line과 신재생에너지를 위한 최적의 요건을 두루 갖추고 있다는 점을 명확하게 인식해야 한다. 2013년 우리에게 주어진 기회를 놓치지 말고 Geo-Line과 신재생에너지를 최소비용을 사용해 성공적으로 보급하여 세계적인 모범이 되어야 한다. 이제 대한민국이 앞장서 Geo-Line과 신재생에너지를 전 세계로 확산시켜 지구생태계를 지키고 지구공동체의 평화와 지속가능한 발전을 이루어내자.

2025 THE FUTURE OF

APPENDIX

전기자동차 성능분석

E L E C T R I C   V E H I C L E

이 책의 본문에서는 전기자동차가 자동차의 미래에 차지할 영향을 검토하고 Geo-Line을 통해 신재생에너지를 활용하는 방법과 여러 개인과 기업, 정부의 참여에 대해 설명했다. 그리하여 전기자동차에 대한 국민들의 자발적인 선택과 국가의 정책 보조만으로도 이산화탄소 배출 감축이라는 절체절명의 프로젝트를 수행할 수 있는 것으로 귀결되었다. 하지만 이런 내용과 함께 아직 낯선 전기자동차를 선택하기 망설여지는 이유로 아직 직접 운전해보지 않아 의구심이 드는 전기자동차의 성능에 대해서도 기본적인 정보를 제공하는 것이 마땅하다고 생각했다. 그래서 이 부록에서는 실제 전기자동차를 구매하실 독자에게 도움이 되길 바라는 마음으로 전기자동차의 성능과 상품성에 대한 내용을 준비하였다.

01 토크와 마력의 관계

토크(Torque)와 마력(Horse Power)의 관계는 전기자동차를 비롯한 모든 자동차의 운동성능 측면에서 검토할 수 있도록 준비한 자료이다. 전기모터와 가솔린엔진, 디젤엔진은 각기 고유한 특성을 가지고 있는데 이를 바르게 이해하기 위해서는 토크와 마력의 관계를 알아 둘 필요가 있다.

토크는 우리말로 하면 돌림힘, 회전력 등으로 표현하기도 한다. 일반적으로 토크라는 단어는 자동차 엔진의 출력을 나타내는 것으로 많이 접하게 된다. 또한 마력도 자동차 엔진의 출력을 표현하는 데에 사용되고 있다. 마력이라는 단어는 말 한 마리의 힘으로 느껴지는 단어인데, 실제 말은 약 4마력을 낸다고 한다. 하지만 이런 물리용어와 단위에 대해서는 고등학교 물리시간에서 조차 배워본 적이 없다. 대학에서 공학을 전공하거나 자동차를 구입하면서도 바른 설명을 접할 기회는 거의 없다. 성인이 되면 누구나 일생 동안 여러 대의 자동차를 사서 타게 되는데도 그 의미를 제대로 알 수 있는 기회가 드물다. 이런 현실에 책임을 느끼고 다음 내용을 통해 독자 여러분들께 필요한 객관적인 정보를 제공하고자 한다.

우선 토크와 마력과의 관계를 알아보기로 한다. 이렇게 하면 토크와 마력을 자유자재로 변환할 수 있게 된다. 마력을 구하기에 앞서 일률이라는 단위를 구해보도록 하겠다. 다음 글상자 안에서 설명하는 내용은 계산유도과정으로 독자 여러분의 선택에 따라 다음

문단의 결론만 참고해도 무방하다.

다음은 토크를 설명하는 데 필요한 간단한 식이다.

토크는 작용 반경과 힘의 외적	일은 힘과 이동 거리의 곱	일률은 일을 시간으로 나눈 값
$T=r\times F$	$W=Fs$……①	$P=W/t$……②

이때 작용 반경 r과 힘 F의 외적을 계산하면,

$T=r\times F=rF\sin\theta$이며 작용 반경 r과 힘 F가 수직이면

$\sin\theta=1$이므로

$\therefore\ T=rF$ …… ③

①, ②, ③, 이동 거리 $s=r\theta$를 연립하여 정리하면,

$P=T\theta/t$

∴ [일률은 토크×회전각÷시간]이다.

이때 회전각 $\theta=2\pi(\mathrm{rpm})$이고,

엔진에서 표기하는 rpm은 분당 회전수이므로

$t=60$초로 나누어야 한다.

$\therefore\ P=2\pi\ T(\mathrm{rpm})/t$

$=2\pi\ T(\mathrm{rpm})/60\mathrm{sec}$

이렇게 일률 P를 토크 T와 그때의 엔진 rpm으로 구할 수 있다.

토크 T가 일반적으로 많이 사용하는 kg·m의 단위를 갖고 있다면, 중력가속도 9.806㎨를 식에 곱하여 N·m로 변환해야 한다.

$P=9.806\,\text{m/s}^2 \cdot 2\pi T(\text{rpm})/60\text{sec} \cdots$ ④

비로소, 토크와 rpm을 알면 그때 엔진의 일률을 알 수 있게 된다. 이렇게 얻어지는 엔진의 일률은 단위가 W(와트) 이다.

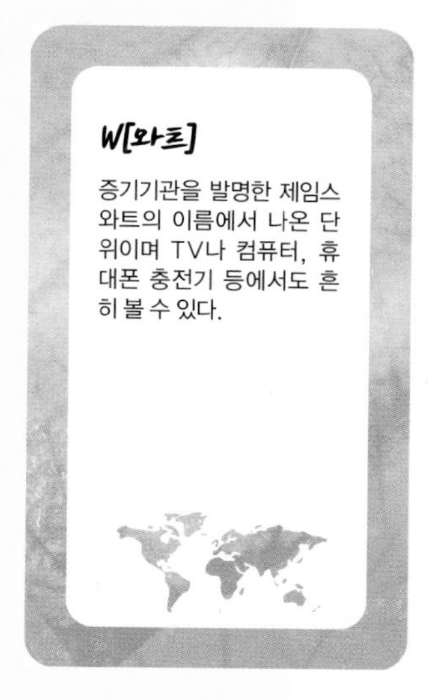

그럼 1마력이 몇 W(와트)인지 구해 보도록 하겠다. 1마력의 의미는 75kg의 물체를 1초 동안에 1m를 수직으로 들어올리는 것이다.

1마력$=mgh/t=75\text{kg} \cdot 9.806\,\text{m/s}^2 \cdot 1\text{m}/1\text{sec}$ …… ⑤

위에서 구한 ④를 ⑤로 나누어 정리하면,

∴ 마력$=2\pi T(\text{rpm})/(60 \cdot 75)$

마력은 토크T와 rpm에 비례하고 식의 나머지는 상수로써 변하지 않는다.

마력$=2\pi T(\text{rpm})/(60 \cdot 75)$

⇕

$T=60 \cdot 75$(마력)$/2\pi(\text{rpm})$

이처럼 마력과 토크는 서로 전환할 수 있다.

이 글상자의 유도과정을 통해 얻은 결론은 이것이다.

'마력은 토크와 회전수의 곱'

가솔린엔진이나 디젤엔진을 비롯한 모든 엔진과 전기모터는 회전수가 상승할 지라도 그 회전수에서 토크가 급격하게 저하되는 순간이 있다. 바로 이 회전수에서 최대마력이 발생하고 더 높은 회전수에서는 오히려 출력이 떨어진다. 왜냐하면 두 숫자를 곱해서 얻어지는 마력은 두 숫자 중에서 변화가 더 심한 쪽의 영향을 받게 되기 때문이다. 이런 이유로 아무리 회전수를 상승시키더라도 출력이 무한하게 올라가지 않고 최대마력이 정해지는 것이다.

02 전기자동차와 내연기관 자동차 출력비교

이렇게 정리한 토크와 마력의 관계가 실제 차량에서는 어떤 의미가 있는지 살펴보겠다. 실제 차량을 통해 확인하기 위해서는 토크와 마력의 특성이 상이한 가솔린엔진, 디젤엔진, 전기모터를 상호 비교하는 것이 가장 좋다고 생각한다. 동력 기관을 제외한 나머지를 최대한 동일한 조건에서 비교하는 것이 가장 합리적이다. 따라서 동일차종에서 동력원의 차이에 따라 비교할 수 있으면 가장 좋겠지만, 아쉽게도 그렇게 할 수 있는 차종이 존재하지 않기에 동일 차급을 비교하는 것으로 대체하고자 한다. 국내에서는 준중형 승용차급이 유일하게 이런 비교가 가능하다. 이에 따른 검토 대상 차량은 가솔린엔진 대표로 현대자동차 아반떼, 기아자동차 K3를 선택했다. 디젤엔진 대표로 현대자동차 i30을 전기모터 대표는 르노삼성자동차의 SM3 EV를 각각 선택했다.

〈표 A-1〉 전기모터와 내연기관의 출력 비교

	배기량 (cc)	최대 마력 (마력/rpm)	최대 토크 (kg·m/rpm)
가솔린엔진	1,591	140/6,300	17.0/4,850
디젤엔진	1,582	128/4,000	26.5/1,900~2,750
전기모터	-	94/3,000~9,000	23.0/500~3,000

최대마력은 가솔린엔진이 가장 크고, 최대토크는 디젤엔진이 가장 크다. 전기모터는 최대마력이 가장 작은 편이다. 이것을 그래프로 나타내어 비교하도록 하겠다.

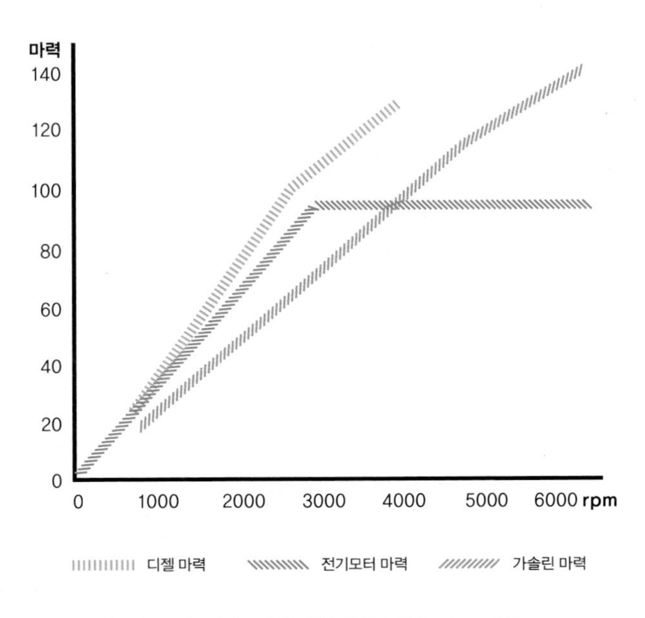

〈그림 A-1〉 전기모터와 내연기관의 출력 비교 그래프

이미 많은 분들이 경험한 것처럼 동일 배기량의 디젤차량은 가솔린차량보다 가속성능이 우수하다. 그 이유를 다음과 같이 설명할 수 있다. 실제 자동차를 운전하면서 가장 많이 사용하는 2,000rpm에서의 출력을 비교하면 디젤엔진은 74마력, 가솔린엔진은 45마력, 전기모터는 64마력으로 디젤엔진은 가솔린엔진 대비 64% 높은 마력과 토크를 만들어 낸다. (앞서 설명한 것처럼 마력은 토크와 회전수의

곱이므로 일정한 회전수에서 마력을 비교하는 것과 토크를 비교하는 것은 같은 내용이다.) 당연히 같은 엔진 회전수에서 큰 출력이 나오기 때문에 차량을 가속하기에 유리하다.

전기자동차의 전기모터는 다른 엔진과는 달리 회전수가 '0인 순간부터 균일한 토크를 내는 특징을 가지고 있다. 그리고 전기모터는 디젤엔진에 비해 조금 낮은 출력을 2,000rpm에서 만들어 낸다. 실제로 시험주행을 해보니 출발할 때의 가속성능은 가장 우수하지만, 시속 80㎞를 넘기는 시점부터는 완만하게 가속하는 경향이 있었다. 그래도 가솔린엔진보다 전반적인 가속성능이 우수했다.

최대마력이 높은 가솔린엔진의 장점은 최고속도에 있다. 최고속도는 최대마력에 의해 영향을 받는다. 가솔린엔진이 디젤엔진에 비해 최대마력이 크기 때문에 변속기 등의 차이를 무시하면 가솔린엔진 차량의 최고속도가 가장 높아야 한다. 달리 말하면 전기자동차의 최대속도가 가장 낮다. 실제로 SM3 전기차는 시속 135㎞에서 속도제한이 된다. 그 이상 달릴 수도 있지만, 그 정도 속도에서 전기자동차의 가속은 매우 더디기 때문에 큰 의미를 두지 않고 안전하게 사용할 수 있는 속도제한을 설정한 것으로 보인다.

〈표 A-2〉전기모터와 내연기관의 상황별 비교 우위

	저속에서 가속 성능	고속에서 가속 성능	최고 속도
전기모터	1위	3위	3위
가솔린엔진	3위	1위	1위
디젤엔진	2위	2위	2위

자동차를 운전하는 상황에 따라 우수한 동력원의 순위를 표로 정리한 것이다. 이 표를 참고하면 시내주행을 많이 하고 고속도로에서 규정속도를 준수하는 운전자에게는 전기자동차가 적합하다. 독일의 아우토반 같이 속도제한이 없는 곳을 달려 최고속도가 중요한 운전자라면 가솔린차량이 적합하다. 하지만 이 글에서 살펴보지 않은 연비를 생각하면 디젤차량도 좋은 선택이 될 수 있을 것 같다.

03 전기자동차 성능특징

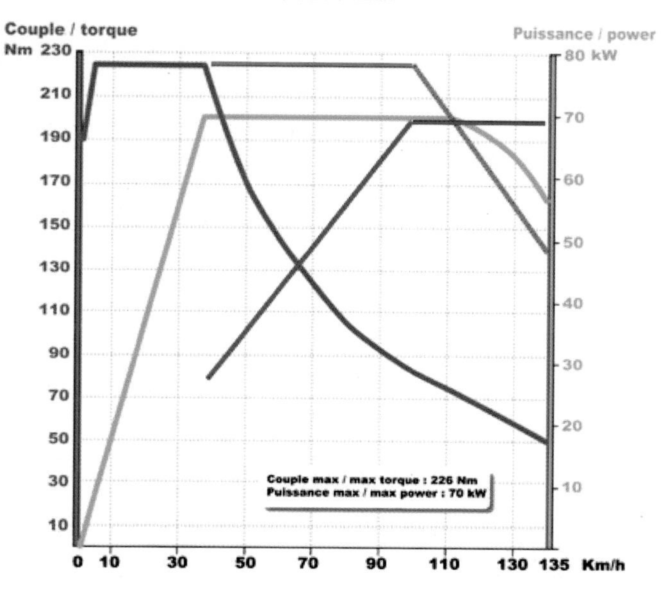

〈그림 A-2〉 르노 Fluence Z.E. (SM3 EV) 출력 선도 © Renault

이 그래프는 전기자동차에 장착된 전기모터의 특성을 단적으로 보여준다. 전기모터는 내연기관과 달리 낮은 회전수에서 평평한 최대토크가 발생한다. (그림 A-2에서는 가로축의 단위가 속도이지만, 변속기가 없어서 회전수-출력 그래프와 같은 모양이다.) 그러다가 회전수가 상승하면서 잔류 자기장의 간섭 때문에 효율이 꾸준히 저하되어 진회색의 토크 출력곡선처럼 하향하게 된다. 이런 현상은 최대토크가 저하되는 회전수의 위치만 조금씩 다를 뿐 모든 전기모터에서 나타

나고 있다. 대부분의 내연기관의 출력곡선도 서로 비슷한 형태를 보이고 있는 것과 똑같다.

그래서 전기모터가 가지는 고속회전시 효율이 저하되는 특징을 극복하고자 기존의 변속기를 아예 사용하지 않는 방식에서 2단 변속기를 사용하는 방식으로 연구가 진행되고 있다. 전기모터는 평평한 최대토크를 만들어 내는 회전수 영역이 넓어 다단 변속기가 필요하지는 않고 2단 변속기만으로도 충분히 효율을 개선할 수 있다. 위 그래프에서 빨간색과 파란색으로 그려진 선은 2단 변속기를 사용했을 때를 가상한 출력 선도이다. 2단 변속기를 전기자동차에 적용하면 일반적으로 자동차가 가지는 구름저항과 공기저항을 반영한 경제 운전속도인 80㎞/h에서 최대토크가 발생하도록 하여 전력

〈그림 A-3〉 전기자동차용 2단 변속기 © Vocis

소모효율이 상당히 개선될 수 있다.

현재 전기자동차는 변속기가 없어 고속도로를 달릴 때 전력이 낭비되어 시내주행보다 주행거리가 짧아지는 현상이 있지만, 2단 변속기를 적용하면 고속도로를 달리는 속도에서도 빨간색 토크곡선처럼 높은 값을 유지하여 전력 소모효율이 월등히 높아지고, 앞 차를 추월하기도 쉬워진다. 이렇게 하면 다른 내연기관 자동차와 마찬가지로 시내보다 고속도로에서 높은 효율로 먼 거리를 이동할 수 있다. 전기자동차의 전력소모 특징을 잘 이해하고 이를 개선하려는 노력은 결국 전기자동차의 주행가능 거리연장이라는 결과를 가져온다. 이어서 소개하는 기술도 전력 소모효율 개선·주행가능 거리 연장에 관한 내용이다.

전기자동차에 도움이 되는 Heat Pump 냉난방 시스템에 대해 설명한다. 모두 잘 알고 있듯이 에어컨은 실내에 차가운 바람을 공급하고 실외기로는 무척 뜨거운 공기를 내보내는 기기이다. 에어컨은 히트 펌프의 한 가지 기능을 사용한 것인데 히트 펌프의 다른 기능은 따뜻한 공기를 실내에 공급하고 차가운 공기를 밖으로 내보내는 것이다. 실내와 실외라는 공간만 다를 뿐 같은 원리로 히트 펌프는 강제로 열을 한쪽으로 이동시키는 펌프 역할을 하는 것이다. 가정과 사무실에서 4계절 에어컨으로 여름에는 냉방, 겨울에는 난방을 하는 경우라면 히트 펌프의 두 가지 기능을 이미 사용하고 있는 것이다. 그런데 이 히트 펌프 냉난방이 친환경 기술이 될 수 있는 배경이 재미있다. 전기자동차에서 난방을 하려면 배터리 전력으로 전

[고효율 Heat Pump 시스템]
모드 구성 및 작동

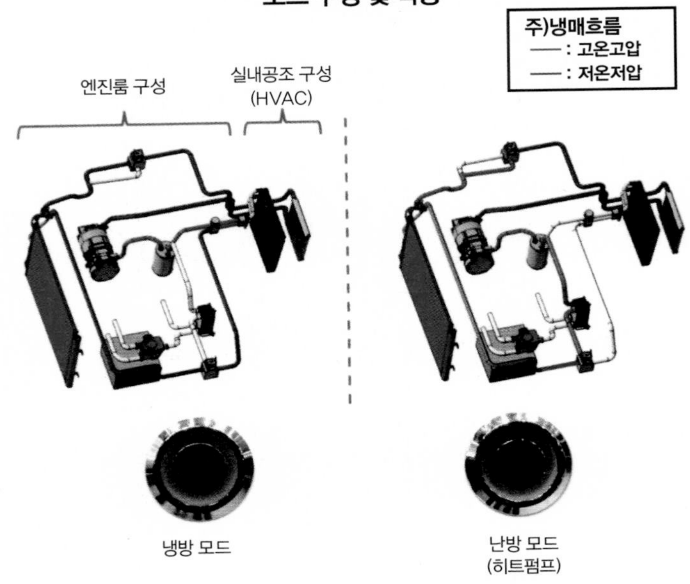

* 본 기술은 지식경제부 기술혁신산업 중 '배터리 일체형 준중형 전기차 플랫폼 및 히트펌프식 냉난방 시스템 개발' 과제에서 개발 진행중임

〈그림 A-4〉 Heat Pump 냉난방 시스템 개념도

열기를 가열해서 난방을 해야 하는데 그 전력 소비가 매우 커서 차량 주행가능 거리를 현저하게 단축시킨다. 기존 내연기관 차량은 엔진에서 뜨거운 열을 얻었기 때문에 가열장치가 필요 없었지만 전기자동차에는 그런 열원이 없기 때문에 전기 히터가 필요하게 된 것이다. 아이러니하게도 낮은 효율의 내연기관에서는 낭비되는 폐열을 활용하여 난방을 할 수 있었지만, 전기모터는 폐열을 거의 발생하지 않는 고효율이기 때문에 부가적인 장치가 필요한 것이다. 이렇

〈그림 A-5〉 고출력 모터를 장착한 쉐보레 스파크 EV

게 소비되는 전력에 의한 주행거리 단축 문제를 극복하고자 전열기보다는 효율이 우수한 히트 펌프 방식을 적용하기에 이르렀다. 실례로 Nissan Leaf의 경우, 초기모델은 전열식 공조난방이었으나 최근에 히트 펌프 방식으로 업그레이드되었으며 동일한 배터리 용량에도 불구하고 주행가능 거리가 연장되었다.

전기자동차의 장점 가운데 하나는 차급에 상관없이 고출력 전기모터를 사용할 수 있다는 점이다. 이는 전기모터는 내연기관과 달리 큰 부피를 차지하지 않고 고출력 모터라고 할지라도 그 부피가 내연기관과 비교할 수 없을 정도로 작기 때문이다. 내연기관을 장착할 수 있도록 설계된 엔진룸에 전기모터를 배치하면 빈 공간이 많아 허전할 정도다. 심지어 전기모터는 엔진룸에 장착할 필요가 없을 정도로 작다. 그래서 Tesla Model S처럼 후륜축에 전기모터를 장착하고 빈 엔진룸을 트렁크로 바꿔놓을 수 있을 정도로 대부분 전기자동차의 공간활용도는 매우 훌륭하다.

쉐보레 스파크 EV는 경차규격의 차량크기를 유지한 채 55 ㎏·m의 엄청난 토크를 자랑하는 전기모터를 실었다. 이는 3장에서 소개한 현대자동차의 소형 전기버스 보다 큰 토크로 국산승용차 가운데 최고수준이다. 이 때문에 기존의 경차나 소형차를 운전할 때 느껴지던 답답한 가속이 사라져, 경차를 선택하기 망설이던 운전자도 경형 전기자동차가 보급되면 생각을 바꿔야 한다. 고출력 모터를 장착한 전기자동차를 타고 급가속을 자주하면 에너지를 낭비할 수도 있겠지만, 절약 모드와 스포츠 모드 등 다양한 주행패턴을 손쉽게 구현할 수 있기 때문에 문제가 되지는 않을 것으로 보인다. 평상시에는 주행거리를 연장하는 절약모드를 사용하다가 고속도로에 램프를 통해 진입하는 순간에는 빠르게 가속해 주행속도에 신속하게 도달하여 추돌 위험에서 벗어날 수도 있다. 이처럼 경차에 고출력 모터를 사용하면 그 동안 엔진 배기량에 따라 차급이 나뉘고 성능의 한계가 있다는 고정관념을 완벽하게 바꿔놓을 것이다.

〈표 A-3〉 전기모터와 내연기관의 성능을 제외한 비교

	차량 가격	연료비	유지 관리비	친환경	소음 진동	공간 활용	주행 거리
전기모터	3→1	3→1	1	1	1	1	3
가솔린엔진	1	2	2	2	2	2	2
디젤엔진	2	1	3	3	3	3	1

이 표에서와 같이 전기자동차는 대부분의 항목에서 가장 우수한 평가를 받을 수 있다. 하지만 차량가격, 연료비, 주행거리 비교에서는 그렇지 않은 부분이 있으며 설명이 필요하다. 먼저 전기자동차의 가격에서 배터리를 제외하면 가솔린차량과 동등한 수준이라고 할 수 있다. 배터리 가격분에 대해서는 저금리 리스를 활용하여 연료비용으로 이전시킬 수 있다. 이러면 3위였던 전기자동차의 차량가격이 경제성을 확보해 1위가 될 수 있다. 배터리 리스비용이 연료비용으로 이전되고, 요금누진제가 있는 가정용 전력으로 충전하는 전기자동차는 연료비 부분에서 3위가 된다. 이를 낮은 충전비용과 ESS 방전으로 이익을 거둘 수 있는 Geo-Line으로 개선하면 가장 우수한 연료비용 경제성을 가질 수 있다. 전기자동차의 주행거리 문제는 8장에서 소개한 다양한 방법으로 모든 사람들이 충분히 수용이 가능한 수준까지 개선할 수 있다. 구입비용과 유지관리비가 저렴하며 가장 친환경적이고 온실가스 배출효과가 적은 자동차는 전기자동차이다. 전기자동차를 처음 타는 사람은 시동이 걸렸는지 몰라 출발하는 데에 애를 먹었다는 이야기를 할 정도로 정차 시에는 소음이 전혀 없다. 주행 중에도 엔진에서 실내로 전해지던 진

동과 소음이 없다. 기존 내연기관보다 매우 작은 전기모터를 가지고 있고, 차량바닥 같은 자투리 공간을 이용해 배터리를 장착한 전기자동차는 공간활용 측면에서도 가장 우수하다. 차량바닥에 납작하게 배터리를 장착한 전기자동차는 무게중심이 낮아 굽이진 길을 보다 안정적으로 달릴 수 있다. 이제 Geo-Line과 함께하는 전기자동차는 가장 경제적이고, 다양한 장점을 가지고 있는 자동차라고 부를 수 있다.

| 에필로그 |

불과 1년 전에도 상상하지 않았던 연구소 설립과 일련의 과정을 겪고 있는 요즘이다. 꿈꾸는 일과 해야 하는 일로 구분하자면 지금 하는 일은 해야 하는 일이라고 생각한다. 그렇지만 점점 꿈꾸는 일이 되어가고 있다. 그래서인지 연구소 설립 이후의 일들은 즐거운 노력의 시간이었다고 생각한다. 그동안 살면서 정말 생각하지도 못했던 수많은 분들의 도움을 받는 한 해를 보내고 있다는 사실에 감사하고 또 감사하고 있다.

필자는 전기자동차 옹호론자가 아니다. 다만 나름의 검토 과정을 거쳐 전기자동차를 환경과 우리 자신에게 가장 바람직한 자동차로 생각하고 있을 따름이다. 한때 반켈-로터리 엔진에 매료된 적이 있었으며, 지금 쓰고 있는 휴대폰 전화번호는 Porsche 959 차량에 대한 오마쥬를 담고 있다. 20여 년 동안 자동차를 연구하면서 개인의 취향보다는 지구 환경과 미래를 생각하고 행동해야 한다는 점을 느끼고 전향을 하게 된 것이다. 앞으로 전기자동차보다 더 바람직한 에너지원으로 대체되거나 Geo-Line보다 합리적인 기술이 등장한다면 얼마든지 새로운 것을 지지할 준비가 되어있다. 잠시 필자가 예전에 썼던 글을 소개한다.

하이브리드 자동차는 과연 친환경 자동차인가?

우리나라에 최근 들어 하이브리드 자동차란 말이 자주 회자되고 있다. 연비가 높다든지, 아직 국산 자동차가 시판되지 않았고, 선진국과 기술격차는 얼마이고, 가격이 비싸다는 등의 이야기가 그 주인공이다. 그중에서도 친환경 자동차라는 특징으로 표현되고 있으며, 일부 환경단체에서는 하이브리드 자동차를 사용하라고 독려하기도 한다.

그런데 이런 관심과 평가는 하이브리드 자동차를 사용해보지 않은 대다수의 우리 국민과 외국 자료에 근거하여 기사를 쓰는 기자들에 의한 것이다. 이에 우리는 하이브리드 자동차의 실체를 알아야 할 필요가 있다. 앞으로 차량 구입 시에 불필요한 지출을 막고 환경을 보호하기 위해서이다.

하이브리드 자동차는 기본적으로 전기모터와 가솔린엔진(현재는 디젤엔진 기반 하이브리드 차량도 존재한다.)의 두 가지 동력원을 사용한다. 두 가지 동력원을 혼용한다는 의미로 하이브리드라고 불리는 것이다. 정차 시에 엔진을 정지시키고 부하가 작을 때는 엔진 대신 전기모터를 사용하여 기름을 절약한다는 것이 기본원리이다.

그러면, 과연 얼마나 절약되는지, 왜 절약되는

지, 공인 연비와 실제 연비와의 상관관계는 어떤지 살펴보자. 일단 공인 연비를 기준으로 일반자동차보다 같은 연료량으로 70~100%가량 더 달릴 수 있다. 공인 연비 측정 모드에 존재하는 정차 시간 동안 엔진이 정지하기 때문이다. 더불어, 일반차량에서는 그다지 많이 사용하지 않는 무단변속기를 사용하고 있다. (2013년 현재 무단변속기 이외에도 다양한 변속기가 사용되고 있다.) 사실, 이 무단변속기만 일반차량에 장착하여도 10~20% 정도 효율이 개선된다.

그러면 실제 연비는 어떤 결과를 가져올까? 도로에서 일반차량의 흐름대로 진행하면 엔진이 꺼지는 구간이 생각보다 매우 짧다. 급가속 시에는 엔진 동력이 필요한데 '급'의 기준에 일반적인 운전이 들어가기 때문이다. 게다가 하이브리드 자동차는 부품이 중복되고 무거운 배터리를 싣고 있다. 결과적으로 실제 연비는 20% 안팎의 개선에 그친다고 한다.

20% 정도의 개선이면 공학적으로 훌륭하다고 할 수 있다. 하지만 무단변속기만 사용했을 때와 그다지 차이가 나지 않는다. 그리고 하이브리드는 대용량 Ni-MH배터리를 장착하고 있는데, 이것의 수명이 불과 5년이며, 주행거리와는 무관하다. 하이브리드 자동차에 실린 부품들로 인해 일반자동차보다 500~1,000만 원가량 가격이 높기도 하다.

이상에서 살펴본 바와 같이 하이브리드 자동차는

만능이 아니며 장단점을 가지고 있다. '좋다. 그러면 어쩌란 이야기이냐?'라는 질문에 필자는 다음과 같은 예를 들어 결론을 맺을까 한다. 필자는 한 달 전에 캐나다를 여행했다. 캐나다 밴쿠버 시내에서 만난 모든 택시는 하이브리드 택시였다. 반면 자가용 차량에서 하이브리드 자동차를 찾기는 정말 어려웠다. 결국, 5년이라는 기간에 비해 주행거리가 길어 연료를 보다 많이 절약할 수 있다면 하이브리드 자동차를 선택하는 것이고 차량 가격의 차이를 연료절감비용으로 넘지 못하면 일반 자동차를 선택하는 것이다. 할리우드 영화배우들이 환경주의자임을 내세우기 위해 하이브리드 자동차를 타기도 한다. 하지만 이는 하이브리드 자동차의 공과를 살펴보지 않은 행동이라 할 것이다. 자신의 자동차로 주말에 장을 보기만 하는 환경주의자가 하이브리드 차량을 선택한다면 이는 현명한 선택이 아니다. 연료가 일부 절약되는 반면 배터리 등의 부품을 생산하는 과정에서 많은 에너지를 소비하고 온실가스가 배출되기 때문이다. 자신의 상황을 고려하여 선택하는 것이 가장 중요하다. 하이브리드 자동차가 연비가 좋은 자동차이기는 하지만 그 부품들의 모든 생산과정이 친환경은 아니기 때문이다.

2008년에 수강한 글쓰기강좌에서 작성했던 글입니다.

하이브리드 자동차를 바라보는 관점이 중립적인 자세를 취하는 듯하지만, 반대의 뉘앙스가 전반에 깔려있다. 필자는 녹색교통운동이라는 환경단체의 회원이기도 한데, 환경단체에서는 하이브리드 자동차에 대해서 우호적인 자세를 취하고 있다. 그러나 전기자동차에 대해서는 우려를 나타내고 있다. 그 이유는 탈원전을 하는 데에 도움이 되지 않고 화력발전으로 인해 더 많은 이산화탄소를 배출하게 된다는 것이다. 그래서 신재생에너지로 전환되지 않는 이상 전기자동차가 친환경적이지 않다는 논리구조를 가지고 있었다. 이런 한계점을 함께 인식하고 있었기에 이 책에서 새로운 제안으로 Geo-Line을 소개하게 된 것이다.

Geo-Line의 내용은 9월 초에 개최될 2013 생태교통 수원총회에서 초저비용 전기자동차 충전인프라 구축 방안으로 소개될 예정이다. 대형 국제행사를 통해 Geo-Line을 소개하는 첫째 자리가 되어 매우 영광스럽다. 이 책에서 담고 있는 내용이 단지 우리나라만을 위한 것이 아닌 만큼 여러 나라 사람들과 함께 내용을 공유하고 싶었기 때문이다. 영문판 출간 준비도 함께 진행하고 있다. 국경 없는 환경, 에너지 문제에 대한 필자의 작은 노력을 함께 나누고 싶다.

| 감사의 글 |

이 자리를 빌려 지금껏 저를 보살펴주신 부모님, 고맙습니다. 부족한 형을 항상 도와준 동생 성언에게도 고마움을 전한다. 영원한 은사님이신 이충연 박사님, 선우명호 교수님께도 깊은 존경과 감사를 전합니다. 이 일을 하기 위해 가장 필요했던 사고의 전환점을 알려주신 김동찬 상무님께도 감사의 인사를 드립니다.

저희 연구소를 위한 공간을 기꺼이 내어주시고 물심양면으로 도와주신 송상석 사무처장님을 비롯한 모든 녹색교통운동 임직원 여러분, 진심으로 감사합니다. 미천한 저를 도와 이 책이 나오기까지 많은 조언을 아끼지 않으신 김준 연구이사님께도 감사를 드립니다. 스무장이 넘는 도안을 정성껏 준비해주신 최영은 디자이너에 대한 감사도 빼놓을 수 없습니다.

책을 제작하는 과정에서 많은 도움을 주신 도서출판 책과나무의 양옥매 실장님과 박무선 팀장님의 노고와 여러 차례 수정을 하는 가운데에서도 한 번도 싫은 내색 없이 도와주신 점 마음속 깊이 감사의 인사를 드립니다. 월간 자동차생활 박지훈 편집장님의 도움으로 훌륭한 사진을 이 책에 사용할 수 있었다는 것을 기억하겠습니다.

개인적으로는 책을 준비하는 과정에서 다양한 조언을 아끼지 않고 마치 본인의 일처럼 나서주신 나범준 선배님의 도움을 잊지 않겠습니다. 서정원 가브리엘 대부님께서도 직접 교정을 보아주실 정도로 정성을 다해 도와주셨습니다. 연구소의 로고 디자인과 사진 보정을 도와준 조현진 카타리나에게도 고마움을 전합니다.

고유한 방법으로 전기자동차의 한계를 성공적으로 극복하고 계신 Tesla사의 창업주 Mr. Elon Musk께 존경을 표합니다. 그리고 제가 이 책을 쓸 수 있도록 자동차, 전기자동차, 수소연료전지 자동차, 신재생에너지 분야를 연구하시고 보급하는 데에 이바지하신 전 세계에 계신 모든 선배님들께 고개 숙여 감사를 전합니다. 이 책에서는 선배님들께서 심혈을 기울여 만들어 놓으신 수많은 결정체에 제 제안을 덧붙였을 뿐입니다.

끝으로 부족한 저의 청을 들어주시어 바쁘신 가운데에도 추천의 글을 남겨주신 안희정 충청남도 도지사님, 이치범 제11대 환경부 장관님, 이원욱 국회의원님께 마음 속 깊이 우러나는 감사를 전합니다. 이 밖에도 항상 응원해 주시고 관심 가져주신 모든 분들께 일일이 감사의 인사를 드려야 마땅하오나 이 글로 고마운 마음을 대신 전합니다. 그리고 그 무엇보다 이 일을 할 수 있도록 저를 이끌어 주시고, 이 책을 쓰도록 큰 은총을 내려주신 하느님, 감사합니다!